JN051685

# NINE ARTICLES FOR THE CONTEMPORARY CITY

## NINE DEFECTS OF THE MODERN CITY

NISHIZAWA TAIRA

# 現代都市のための9か条

## 近代都市の9つの欠陥

西沢大良［著］

Ohmsha

NINE ARTICLES FOR THE CONTEMPORARY CITY
NINE DEFECTS OF THE MODERN CITY

# 現代都市のための9か条
## 近代都市の9つの欠陥

目次

# 第1章 現代都市のための9か条 近代都市の9つの欠陥

## 1 新型スラムの問題・人口流動性の問題

## 2 ゾーニングの問題



# 第2章 木造進化論 木造による現代建築のつくり方

## 第3章 談話・エッセイ（2006～2022）

ブックデザイン　水戸部功

第1章

# 現代都市のための9か条

## 近代都市の9つの欠陥

# 1――新型スラムの問題・人口流動性の問題（2011年）

## はじめに1――若い読者へ

これから述べるのは、今日の都市の欠陥をめぐる話である。「今日の都市」とはもちろん「近代都市」という意味だが、ここでは1960年代になされた近代都市計画批判[*1]とは異質な議論をすることになる。というのも、60年代には十分に気づかれなかった近代都市の致命的な性質が、90年代後半以降に明らかになったためである。ただしそのことは、今日の建築界ではあまり注目されていない。そればかりか、今日の建築界では現状の都市形態（近代都市）に対する批判的な考察がなされなくなっていて、近代都市の欠陥に対するコンセンサスが雲散霧消（うんさんむしょう）している。おそらく読者諸兄の中には、今日の東京が他ならぬ近代都市であることを忘れてしまった人や、60年代よりも90年代後半以降の方が近代都市の時代であったことに気づかなかった人もいるかもしれない。都市と建築の専門家である私たちがそうした健忘症に陥っている限り、今日の都市問題はいつまでたっても解消されることはない。この文章の目的のひとつは、現状の都市形態（近代都市）のどこに欠陥があり、それが今日どのような都市問題をもたらしているかについて、90年代後半以降の都市的事象を前提に、新たにコンセンサスを形成することにある。

もうひとつ目的がある。近代都市の欠陥に対する継続的な追求が途絶えたのは、1970年代初頭である。その後、今日までの40年間近く、現状の都市形態（近代都市）がいかなる限界をもち、いかなる危機に引き寄せられつつあるかという、もっとも必要な都市論が提示されていない。そのため、特に70年代以降に生まれたいまの20〜30代の人びとにとって、自分たちの都市が何らかの危機に直面していること自体、思いも及ばぬことになっているように感じられる。筆者は過去数年間、大学などで現状の都市形態（近代都市）の欠陥について説明してきたが、[*2]基本的な用語や事例が通じないために、時間の多くを初歩的な説明に費やさざるを得なかった。だが90年代後半以降に明らかになったことのひとつは、近代都市の欠陥は60年代に出尽くしたというようなものではなく、今後は想定外の災危を世界中にもたらしていくことで、その尻拭いをするのが他ならぬ若い人びとだということである。いまの若い人びとと、これから生まれてくるもっと若い人びとこそ、近代都市の欠陥を誰よりも知り尽くしておくべき立場にある。この文章のもうひとつの目的は、なるべく若い読者に現状の都市形態（近代都市）の把握の仕方を伝えること、その欠陥を解消するための議論や提案を

＊1　「はじめに3――1960年代の近代都市批判」で述べる『都市はツリーではない』（クリストファー・アレグザンダー、1965年）や『アメリカ大都市とその生』（ジェイン・ジェイコブズ、1961年）などのこと。

促すこと、そして最終的には近代都市を別の都市形態へ転換するための方法を、筆者の理解した範囲で伝えることにある。

## はじめに2——1990年代後半以降

本題に入る前に、90年代後半以降の都市に何が生じたのかを整理しておこう。特に60年代との違いを念頭において説明してみよう。

### (1) 近代都市の量産

いわゆるG20諸国の近代化によって、90年代後半以降に近代都市が量産されたこと。特に人口の多いアジア圏における近代都市の量産が著しいこと。インドと中国が開放政策(近代化政策)に転換したのは90年代前半であり(インド1991年、中国1992年)、個々の集落や街区に都市基盤(エネルギー施設・インフラ施設・港湾施設など)が整備されだすのが90年代中頃、続いて近代都市が続々と姿を見せはじめたのが90年代後半以降である。他のG20諸国もおおむねこの時期に近代化へ突入している。90年代後半以降の世界は、人類史上最大の都市建設の時代になっている。特に近代都市にとっては、60年代までとは比較にならないほどの量産期になっている。

## （2）都市計画の停滞

G20諸国の近代都市、たとえば中国で量産されている近代都市は、読者諸兄も見た通り典型的な60年代風の計画都市である（新都市型ないしニュータウン型）[*3]。計画を行ったのは旧西側諸国（欧米日豪）の都市計画事務所・土木設計事務所・建築設計事務所であり、計画時期は90年代後半以降であるというのに、60年代風の計画内容の繰り返しなのである。欧米日豪の多くの専門家が参与しながら、40年前と同じ都市形態しか実現できなかったという事実は、私たちの持ち合わせている計画技法が、過去40年にわたって1ミリも前進してこなかっ

＊2　後述する「近代都市の9つの欠陥」について筆者が大学で話した主な機会は次の通り。
・東京理科大学4年前期合同講評会（2009年7月、2010年7月）および特別講義（2010年12月）
・メキシコ国立自治大学講演（2009年7月）
・東洋大学講評会公開トークセッション（2011年7月）
またその一部の内容を活字にしたものは次の通り。
・「ベルリン」（『旅。建築の歩き方』彰国社、2006年）。本書第3章に収録。
・「代々木公園」（『新スケープ――都市の異風景』誠文堂新光社、2007年）
・「つくる対象としての都市と建築」（『住宅特集』0909）
・「世界同時不況と建築」（『JA76』1001）
・「東京のマスタープランと建築型」（『新建築』1004）

＊3　念のためにいうと、「中国で量産されてきた近代都市」とは、あくまで都市計画レベルの話で、個々の建築のスタイルとは関係がない。都市内の建物が狭義の近代主義建築であってもなくても、近代都市は成立する。

たことを意味している。[*4] このことは、さらにワンサイクル前の40年間（1920年代末～60年代末）における都市計画技法の絶え間ない前進と比べたとき、論証する必要もないだろう。その意味で、過去40年間（1970年代初頭～2010年代初頭）は、都市計画にとっての「失われた40年」と呼ばれるにふさわしい。この「失われた40年」における都市計画技法の停滞ないし放棄は、長らく専門家の間で潜伏しているだけだったが、90年代後半以降は専門家以外の広範な都市生活者や食料生産者などへ影響をもたらしている。

### (3) 都市人口

都市人口の問題、すなわち人口流動性の問題は、90年代後半以降、次の2つのタイプの現象として現れるようになった。まず、（A）G20諸国の近代化における従来的な人口流動性がある。これは農村や漁村から近代都市へ移住するという、近代化の初期に必ず生じる人口流動性のことで、旧G7諸国においては60年代までに経験済みであり、それ自体として新しくはないが、その流量が莫大であることが新しい（今日の世界人口69億人のうち都市人口は過半の35億人に達しているが、この35億人・69億人という総量と、50％を超える比率も、人類史上の最高値である）。次に、（B）近代化を終えた諸国で生じている人口流動性がある。つまり人口減に悩みはじめた旧G7諸国においては、多くの都市が人口減少に苦しむと同時に、一部の都市に人口集中が生じている（いわゆる都市間競争）。これは都市Aから都市B

へという人口の流れを基本とするもので、自国内だけでなく、海外都市Cから自国都市Bへという流れを伴っている（移民人口や観光人口）。

今日の都市形態（近代都市）は、この2つのタイプの人口流動性の上に成り立っていて、こうしたタイプがあることも、90年代後半以降に判明した。

## （4）資本と国家の影響

今日の都市形態（近代都市）には、（A）都市の建設資本に対する投機市場からの影響と、（B）都市の維持経費に対する国家や自治体からの影響がある。前者は瞬間的な建設資本の増大（およびその直後に必ず生じる極度の減少）という金融市場からの影響で、90年代後半以降の新自由主義政策の全面化・金融工学の発達・不動産債券市場のグローバル化によって激化した。後者は、旧G7諸国における財政赤字の慢性化と税収不足（というより税収上昇率の低下）によって都市の運営維持が容易ではなくなってきている。この2つの傾向も60年代までにはなかったもので、90年代後半以降に顕著になっている。

## （5）情報革命

90年代後半に生じたいわゆる情報革命は、まだ15年程度しか経っていないにもかかわらず、

＊4　過去40年間に都市計画手法をかろうじて発展させた例として、ブラジルのクリチバの都市計画（1993年）がある。

今日の都市に無視できない変化をもたらした。現時点でのもっとも大きな変化を挙げると、（A）ロジスティクス革命のもたらした都市の変化。物流のロジスティクスが過剰に合理化されたことにより、大は港湾地区のコンテナヤードやブラウンフィールドがいきなり無用化して大規模再開発用地となり、小は既存市街地におけるコンビニエンスストアの毛細血管的な乱立が可能になった。もうひとつの大きな変化は、（B）通信ネットワークのもたらした都市の変化。その最大のものは北米や北欧における電力網のスマートグリッド化である。

この2つは、物流とエネルギーという都市の基幹部分に生じた変化である。物流施設とエネルギー施設という都市のハードコアに変化が及んだ以上、情報革命は都市の表層を変えるだけのものではなく、都市の基底的な下部構造を変えうるものであることが、90年代後半以降に判明している。

## （6）環境破壊

90年代後半以降の近代都市の量産によってもたらされた最大のものは環境破壊だろう。環境破壊は、近代都市においては、建設段階から運営段階を通じて、都市圏外と都市圏内の2つのエリアで同時に進行する。つまり、（A）都市圏外においては食料農地や漁場、林業地や水源地、エネルギー施設用地とインフラ用地、交通用地や資源採掘地、破棄物処理場や破棄エネルギー処理場等を通して継続的な環境破壊が行われ、また、（B）都市圏内においても港湾用地やエネルギー備蓄基地、都市開発やスプロール地等を通して精力的な破壊が行われる。そして、（C）都市圏内における都市気候の悪化（近代生活によるエネルギーの過剰消費）も継続的に進行する。近代都市の特徴は、これらの環境破壊を都市活動の停止する日までもたらし続けることにある。このことも60年代においては一部の専門家の警告にとどまっていたが、90年代後半以降は近代都市圏が地球規模に拡大したことにより、衆目の集まるところとなった。

## （7）都市災害

90年代後半以降の近代都市は、60年代までになかったタイプの都市災害を経験している。日本の90年代後半は1995年の阪神・淡路大震災と地下鉄サリン事件をもってはじまる。一般的には前者は天災（都市型地震）、後者は人災（テロ）というように、原因によって区別されるが、仮に原因ではなく結果の方を見ると、いずれも都市機能の要所が外から破壊されたという共通点をもっている（前者においては高速道路から上下水道までのインフラ設備の脆弱さが、後者においては都市交通（地下鉄）と行政地区（霞が関エリア）の脆弱さが示された）。こうした被害状況を何より重視するのが都市災害・都市防災の重要な役目だが、その意味では2001年のアメリカ同時多発テロ事件や、今年の東日本大震災なども、結果において近代都市の脆さを教えた事件である（前者においては超高層街区という都市の集中利用の危険性が、後者においては都市圏外に原子力発電所を集中配備したことの危険性が、それぞれ示されている)。近代都市は、60年代まではこうした試練にさらされておらず、90年代後半以降に初めて試されることになった。

中国やインドの近代化や、世界人口の増大や、地下鉄サリン事件などは、若い読者もいろいろなところで見聞きしているだろう。だが、それらを基に現状の都市形態(近代都市)の欠陥を把握しようとした議論や、今後の新しい都市形態を考察しようとした議論は、ほとんど聞いたことがないのではないだろうか。とはいえ、若い読者が素朴に考えただけでも、上記の事柄がどれも人類史上初の出来事だったこと、つまり現状の都市形態(近代都市)にとって初めての経験ばかりだったことは、容易に理解できるだろう。なかでも都市人口が世界人口の過半数に達したことや、それを賄う食料とエネルギーの調達問題ならびに破棄問題は、近代都市にとって完全な未体験ゾーンにある。

もちろん筆者は、これらの問題を乗り越える都市形態はありうる、と考えている。ただし、今日の都市形態(近代都市)がそれらを乗り越えられるとは、すでに考えられなくなっている。むしろ90年代後半以降、現状の都市形態(近代都市)は解決されるべき問題の一部を成しており、解消されるべき害悪のひとつになったと考えている。このことも、この文章を最後まで読まれれば納得されるだろう。

## はじめに3——1960年代の近代都市批判

本題に入る前にもうひとつ注釈がいる。近代都市の欠陥については60年代になされた有力な議論がある。『都市はツリーではない』(クリストファー・アレグザンダー、1965年)、『アメリカ大都市の死と生』(ジェイン・ジェイコブズ、1961年)、『都市の原理』(同前、1969年)などの論文のことである。先述した「失われた40年」、つまり過去40年間にわたる都市計画の停滞ないし放棄は、彼らの論文のインパクトがひとつの契機になっているとも考えられる。彼らの論文の衝撃力が、同時代の専門家の思考停止や思考放棄をもたらしたという意味である。そこで、この「失われた40年」をこれ以上続けないために、ここでは次の2つのことをはっきりさせたい。

第一に、彼らの論文の使われ方、ないし読まれ方について。

筆者は彼らが間違ったことを主張したとは考えていないが、その後の論者によって、間違った使われ方(ないし読まれ方)をされたと考えている。彼らの論文は、都市計画を放棄することの正当化(言い訳)として使われたし、いまでも使われている。[*5] だが「都市に計画

*5 「アートとアーキテクチャーの交差から見えてくるもの」(2011年)における磯崎新の発言。

主体などあり得ない」とか「都市計画はもはや不可能だ」といった主張は、アレグザンダーたちの論文から自動的に出てくる結論ではない。それはアレグザンダーたちの論文がなくとも生じてくるような考えで、おそらく都市の制作過程や計画主体をめぐる空想から生じてきたと考えられる。

もともと都市とは、時間的にも空間的にも隔てられた「複数の異質な集団」が、意図せずして共同でつくりあげるような「制作物」である。ケルトの集落が古代ローマの植民都市へ転換されたとき、あるいは近世スペインの港湾都市が近代都市へ転換されたとき、もしくは近代都市の内部で都市再生が漸進的に行われるときも、すべからくそうである。これらの都市において、しいて「計画主体」を挙げるとしたら、ケルトのシャーマンと古代ローマ軍が意図せずして合作したとか、その傍らで近世スペインの商隊と近代のモダニストが時代を隔てて合作したというように、「複数の異質な集団」を、長期的かつ外部的に、挙げていくことになるだろう。そうした「計画主体」による「制作」のあり方こそ、都市に固有のものである。ゆえにそれは、近代美術やクラフトにおける制作観や主体観（単一主体による制作）によって成し遂げうるようなものではない、というのが、おおまかにいってアレグザンダーやジェイコブズの基本的なスタンスである。したがって彼らは、その誤謬（ごびゅう）を犯した都市計画に限って批判するのであり、具体的には19世紀末～20世紀中盤のモダニストによる新都市やニュータウン（単一主体によって計画された計画）に限って批判することになった。肝心なことは、アレグザンダーやジェイコブズは、それ以前の都市計画についてはむしろ好意的だということであり、また今後の都市計画についても希望を捨てていないことである。もう一度繰り返すと、彼らの批判はもっぱら19世紀末〜20世紀中盤という特殊な時期[*6]の都市計画に限定されていて、今後の都市計画については否定ではなく改善を促していて、都市計画の放棄や停滞を奨励しているのではない。

都市とは本来、人類の成し遂げる最大の制作物であり、自然が制作したものと著しい対照をなす（よくも悪くも）。したがって、いかなる都市も人類によって企てられたという意味で「計画されたもの」であり、自然界で生成したものではないという意味で「人工的」なで「制作物」である。この意味での「計画性」「人工性」「制作物」といった都市の属性は、それがなければ都市ではないというくらいに重要な属性であり、人類史上のあらゆる都市を貫く属性である。もちろんこのことは、アレグザンダーやジェイコブズにとって常識に類する事柄であり、彼らのすべての議論の前提をなしている。だが、この前提がなぜか同時代の読者の頭の中では忘却されていて、まるで都市計画の不可能性を立証した原典のように、あるいは都市のあらゆる計画主体を排撃した教典のように、よりにもよってアレグザンダーたち

＊6　文中の「19世紀末〜20世紀中盤という特殊な時期」とは、旧先進国においてそれぞれのタイミングで経済成長がなされ、その過程で近代都市と近代建築が主流になった時期のこと。なお、ここでの「20世紀中盤」には1960年代も含まれる。

の議論が使われることになった。

若い読者のために噛み砕いていうと、アレグザンダーやジェイコブズがいったのは、「画家がひとりで絵を描くように都市を設計すると、トンデモナイことが起きますよ。そうしなければ、こんなによいことがありますよ」ということである。であれば、今後はそうしないで都市計画をしていきましょう、その方法をみなさんそれぞれ工夫していきましょう、そのヒントはアレグザンダーやジェイコブズの論文にたくさん書いてあるのだし、というのが次のステップになるはずである。だが「ひとりで絵を描けないから都市計画はおしまいだ」というような、不毛なステップに入ってしまって40年が過ぎている。それはあまりに近代的な誤読である。

第二に、彼らの論文の内容について。

アレグザンダーやジェイコブズの議論の内容については、90年代後半以降、ひとつだけ相対化しなくてはならないポイントが出てきている。彼らが疑問視した近代都市の欠陥（計画都市の樹状構造性、計画理念の思弁性、計画街区の均質性、多様性の圧殺、犯罪率の高さ、歩行移動の軽視、ネイバーフッドの軽視など）は、どちらかといえば都市にとって「内部的」で「短期的」な問題群だったことである。これに対して90年代後半以降の都市が示しているのは、より「外部的」で「長期的」な問題群である。つまり都市が「外部」に対して

「長期」にわたってもたらす問題や、都市が「外部」から「長期」にわたって被り続ける問題である。筆者の考えでは、この「外部的・長期的」な問題群にこそ、近代都市の無謀さ・未熟さが激烈に現れている。

G20諸国の近代都市、特に中国で量産されている計画都市は、先述したように典型的な60年代風の近代都市である。それらはアレグザンダーやジェイコブズの論文を読まずに設計してしまったような代物で、したがってジェイコブズたちの警告が、いずれ個々の都市の内部で反復されることになるだろう。ただし、それが問題のすべてではない。近代都市をかくも量産してしまうと、それらの総体が「外部」に対してどんな影響をもたらすのか、また「長期的」にはどんな災危を招くのか、そしてその災危が個々の近代都市へどういう危害を跳ね返すのかといった、「外部的」で「長期的」な問題群が浮上することになる。アレグザンダーやジェイコブズは、こうした問題を考察していない。

もちろんアレグザンダーやジェイコブズはそれぞれ、都市の内部構造について貴重な分析を多くなしており、筆者はいまだにその有効性が意外な場所で実証されるのを見て、感嘆を覚えることが少なくない（たとえば近年の吉祥寺本町2丁目一帯の盛り場の発生は、ジェイコブズ・テーゼのひとつ「老朽施設の必要性」の正しさを完全に証明した）。だが、都市をそのように内側から経験しているだけでは見えない「外部的」で「長期的」な問題群が存在する。そして「外部的・長期的」な問題群こそ、都市の「内部的・短期的」な問題を絶え間なく引き起こす原因である。ジェイコブズたちの分析は、近代都市の欠陥を「外部的・長期的」な次元で捉え尽くさなかったという意味で、相対化する必要が出てきている。

したがって現時点では、60年代のアレグザンダーやジェイコブズの議論について、次のように位置づけるのが妥当だろう。「都市はツリーではない」という指摘は全面的に正しいが、仮に計画都市をセミラティスないしリゾーム状につくり得たとしても、その都市が「外部」に対して「長期」にわたってもたらす災危を解消することはできない。あるいは「都市は多様性をもたねばならない」という指摘も全面的に正しいが、仮に多様性を備えたとしても、その都市が「外部」から「長期」にわたって被る災危を阻止することはできない。近代都市の「外部的」で「長期的」な欠陥は、彼らの議論とは別の次元で、対象化される必要がある。

## はじめに4——近代化のパッケージ

若い読者のためにもうひとつだけ注釈がいる。近代都市が量産されることについての、予備知識や補足説明を書いておこう。

もともと近代都市なるものは、ある地域や国が近代化の過程（産業資本主義化）に突入すると、いやおうなく出現する都市形態である。というのも「近代化の過程」とは、単純化していえば、まず前近代の農業や漁業のかわりにエネルギー事業なり鉄鋼業なり交通事業といった「近代産業」を興し、既存の集落や街を「近代都市」へと転換し、農民や漁民を都市へ移住させて「賃労働者（近代人）」に変身させ、自給自足生活のかわりに「近代生活」を営ませ、そこから巻き上げた税収や民間資本によって広義の「近代建築」を建設し、巻き上げ損ねた給与で広義の「近代住宅」を量産する、という過程だからである。この過程を全うするための必要不可欠なツールが、「近代都市＋近代産業＋近代生活＋近代建築＋近代住宅」というパッケージである。そして、ひとたびこのパッケージを導入した地域や国は、他にどうしようもなく近代都市を拡大させることになる。

近代都市と近代生活を享受する人口は、20世紀初頭においては全世界で1億6000万人（世界人口の約1／10）、20世紀中頃においても6億人程度である（世界人口の約1／5）。その時点では、仮に近代都市に多少の欠陥があったにせよ、大局的には小さな事柄だとまだしもいうことができたかもしれない。だが90年代後半以降、G20諸国が続々と近代化の過程に突入し、21世紀初頭の今日では35億人が近代都市に居留するようになり（世界人口の約1／2）、今後も数十億人単位の新規参入が予定されている。こうなってくると、近代都市の欠陥は100年前の数十倍の影響をもたらすものとなり、小さな事柄とはいえなくなってくる。たとえば60年代までに疑問視された近代都市の人工性や商業性といった側面は、90年代後半以降、地球規模の環境破壊や資源争奪をもたらす要因と化している。

今後の近代都市と近代生活がもたらす影響について、真に中立的で公正な予測を筆者はいままで見たことがない。[*7] ただし、若い読者が知っているデータの範囲でも、次のような予測はできるだろう。

日本の高度経済成長期に実現された大規模ニュータウン（業務・商業・住居地域を備えたもの）は、東京郊外に約40万人分（多摩ニュータウン・港北ニュータウン・筑波学園都市）、大阪郊外に約20万人分（千里ニュータウン）であり、設計段階から入居完了までにおおむね30年を要している。つまり日本の高度経済成長期以降の近代化は、平均して年間2万人を近代生活に移行させたことになる（大規模ニュータウンだけの値）。他方、中国の現在の高度経済成長期の場合、30万人クラスの大規模ニュータウン（業務・商業・住居地域を備えたもの）は北京郊外・上海郊外・天津郊外にそれぞれ6～8つずつ、合計20か所計画されていて、その過半はすでに建設済み・入居済みであり、すべての入居が完了するのは２０１５年頃である。設計段階から入居完了までの開発速度はおよそ15年である。つまり高度経済成長期以降の中国は、平均して年間40万人を近代生活に移行させつつある（大規模ニュータウンだけの値）。それはかつての日本の20倍の勢いである。したがって、もしこれらの近代都市や近代生活に何らかの欠陥があった場合、それがもたらす影響は、かつて日本で生じたことの20倍程度のものを覚悟せねばならないだろう（たとえば水俣病なり四日市ぜんそくなりの21世紀版が20倍の規模で生じる、など）。もしこの先、中華圏に移住した高名な投資家が推奨するように、世界の都市人口35億人を60億人まで拡大したとすると、たしかに金銭的には潤うだろうが、その金銭を使うための環境も街も本人も娘たちも死滅していることだろう。

近代都市は、60億人を生存させる都市形態としてふさわしくない。そのようなものとして考案されたものでもない。それは1億人から6億人程度を前提に練り上げられた都市形態なのである。しかも6億人から35億人になるまでの間はまったく改善されなかった都市形態な のである。90年代後半以降、何の創意工夫もなくひたすら近代都市を量産してしまったこと、よりにもよって人口が多く、環境負荷が高いアジア圏でそれを量産してしまったことは、頭の痛い問題なのだ。

もうひとつ頭の痛い問題がある。先述した近代化のパッケージについてだが、ひとたびそれを導入した国は、自国内で近代都市を量産した後、必ず他国にそれを移植しはじめるという問題がある。G20諸国が自国の近代化を今後20年程度で終えたとき、彼らは他国に近代都市を移植していくことになる。すでに中国はアフリカで資源基地・エネルギー基地の整備を

＊7　近代都市の量産がもたらす今後の予測については、さまざまな筋からなされているが、公正で中立な予測はきわめて少ない。もっとも疑わしいのは、証券会社や銀行の総合研究所による予測、および近代経済学者による予測である。次に疑わしいのは、政府筋の都市計画系の研究所やシンクタンクによる予想、および都市計画コンサルによる予想である。アジア圏において近代都市の量産を理論的に後押ししたのは彼らであり、中立的な予測は望めない。

はじめたが、それは中国の自国内の資源確保のためだけでなく（また貿易黒字解消策だけでもなく）、近代都市をアフリカへ移植するための第一歩である。他のG20諸国もこの動きに倣うことになるだろう。21世紀の最大の頭痛の種がここにある。

ただし、この「近代都市の移植問題」については、日本の果たした特殊な役割を、若い読者に知ってもらわなくてはならないだろう。「近代都市の移植」などという大それたことを成し遂げたのは、日本をもって嚆矢（こうし）とする。よくいわれるように、日本は幸か不幸か非欧米圏において初めて近代化に成功し、高度経済成長を成し遂げ、それを模倣したのが中国やインドの近代化政策だと指摘されている。このように、高度経済成長を誰でも実現しうるようにパッケージ化したのが、日本であった。先述した近代化のパッケージとは、高度経済成長を行うためのマニュアルであって、そのマニュアル化を成し遂げたのが日本の60年代である。それはほとんど「誰でもできます高度経済成長」と呼べるようなマニュアルである。かくも実現容易なマニュアルが目の前にぶら下がっていなければ、中国もインドも近代化政策には転換しなかっただろう。

しかも、中国やインドの近代化政策への転換は、彼らが「勝手に」行ったことではなくて、日本によってそそのかされたものでもある。中国やインド、また一部のASEAN諸国のエネルギー施設・インフラ施設は、その多くが日本の出資によって整備されている。初期はいわゆるODA（政府開発援助）により、その後は民間資本によって整備が継続されてきた。

ちなみに、日本以外の旧G7諸国によるODAは、災害支援や医療などの人材面・ソフト面での援助が多かったのに対し、日本のODAはアジア圏のエネルギー施設・インフラ施設にひたすら資本を投下するという、尋常ならざる傾向をもっている。[*8] もちろんこれらのエネルギー施設・インフラ施設は、近代都市の根幹を成すものである（都市基盤）。つまりそれがなければ近代都市を実現できないし、それができてしまえば近代都市しか出現し得ない。日本は90年代後半以降、アジア圏での近代都市の量産に対して、決定的な貢献を果している。

要するに、単純化していうと、アジア圏で近代都市を量産した当事者は、日本である。誰でもできるような高度経済成長のマニュアルを提供し、それを起動するための資金を提供し、近代都市の量産を後押ししたのは、日本なのである。したがって、これらの膨大な近代都市の移植が将来何をもたらすかについて、説明責任や検証責任を負っているのは、日本の専門家だということになる（都市設計者、土木設計者、機械設計者、建築設計者）。この説明と検証を怠った場合、私たちは欠陥商品を大量に売りさばいた悪徳商人の一味として、後世に

＊8　この異常な投資についての公的な説明は、次のようなものである。日本は平和憲法を所有しているため、軍事派遣による災害対策や治安維持に貢献することができず、都市のインフラ施設・エネルギー施設を整備することで代替的に災害対策や治安維持に貢献してきたのだ、という説明である（外務省HP）。このもっともらしい説明には、明らかに矛盾がある。というのも、平和憲法を所有していなかった戦前の日本においても、アジア圏のインフラ施設・エネルギー施設に対する執拗な投資が行われたからである。外務省の公的説明は意味を成していない。

記憶されることになるだろう。欠陥商品を売りつけられたのは、いまの中国人やインド人というよりも、膨大な近代都市の後始末をつけていく後世の人びとだからである（もちろん近代都市の欠陥商品リストの中には、インドやベトナムに売りつけられつつある原子力発電所も含まれる）。

かつて近代都市は、欧米から日本へ移植され、90年代後半以降は日本からアジア圏へと移植されている（もちろん欧米からアジア圏にも移植されている）。そしてそれぞれの移植の際、近代都市の欠陥に対するインフォームド・コンセントは省かれており、ゆえに政府間ではさしたる異論もなく、経済界にも異論はなく、近代都市の移植は円滑に進められた。この悪質なマルチ商法のような事態の進行には、近代都市の欠陥に対するコンセンサス（共通意識）が根本的に欠けている。

仮に近代都市が至福のものであってくれたなら、こうした移植や量産は好ましいものである。だがどうひいき目に見ても、そのような楽観を許さない事柄が多すぎる。近代都市に対する「楽観」とは、何度もいうように、限られた地域・地区だけを見て都市を評価するという「内部的」な都市観のことであり、100年足らずの短いスパンで都市を評価するという「短期的」な都市観のことである。たしかに「内部的・短期的」な都市観からすれば、近代生活は伝統生活よりマシかもしれないし、近代都市は利便性・機能性が高いかもしれない。

だが都市を評価するときにもっとも無意味な指標が、「内部的・短期的」な評価軸なのである。こと都市という存在に限っては、「外部的・長期的」な評価軸が絶対的に優先されなくては意味がない。「内部的・短期的」な評価はなされてもよいが、あくまで「外部的・長期的」な評価が優先されなくては都市ではない。都市とは本来的に、「外部」からのエネルギー・食料・人・情報・技術の調達なしには成り立たないからであり、その調達と破棄を「長期的」に持続せずには成り立たないからである。

「外部的・長期的」な視野に立てば、近代都市が欠陥だらけであることは、建築と都市の専門家ならば腑に落ちるだろう。また近代都市の量産について、自信をもって肯定できる専門家もいなくなるだろう。政治家や経済学者にはほとんど期待できない。彼らは都市を「短期的・内部的」にしか捉えない。都市と建築をつくってきた専門家しか、近代都市の「長期的・外部的」な欠陥を手に取るように理解しうる人びとはいない。また、それを改良しうる人びともいない。

繰り返すと、近代都市の「外部的・長期的」な欠陥について、コンセンサスをもつことがまず大事である。そしてその欠陥を解消した都市形態を構想していくことが、より重要である。もちろんその構想を少しずつでも実現していくこと、部分的にでも実現していくことが、もっとも重要である。このことは、近代都市の絶頂期である今日では空疎に響くかもしれないが、長期的に人類は、近代都市にかわる都市形態を必ず実現する。もちろんことが重大であるから、この文章ひとつでコンセンサスが形成されるとは思わないが、以下をたたき台にして、専門家による修正が積み重なっていけば、遠からず真のコンセンサスが形成されるかもしれない。特に筆者が期待しているのは、近代都市の欠陥に幼少期から悩まされてきた、若い読者による修正である。

## 近代都市の9つの欠陥

現状の都市形態（近代都市）の欠陥は、次の9つに集約されると考えてよいだろう。これらを解消することが、今後の都市形態にとって必要であり、その意味ではこれらは今後の都市形態のための9か条でもある。

1　新型スラムの問題
2　人口流動性の問題
3　ゾーニングの問題
4　食料とエネルギーの問題
5　生態系の問題
6　近代交通の問題

7　セキュリティの問題
8　かいわい性の問題
9　都市寿命の問題

これだけではわかりにくいから、ひとつずつ説明していこう。

## 第1条——新型スラムの問題

近代都市の功績のひとつはスラムクリアランス（再開発）に成功したことだ、と常識的には考えられてきた。ただし、そのありさまを外部的・長期的に見ると、近代都市はスラム問題をほとんど解決しておらず、単に解決を先送りにしてきただけである。都市を近代化する過程でスラムクリアランスが成功したように見えるのは、内部的で短期的な錯覚なのである。外部的かつ長期的に見ると、今日の日本でも明らかにスラムは拡大しているのだが、それが気づきにくいのは、今日のスラムがかつてと異なるタイプに進化しているためである。

たとえば国内の最新のスラムの例として、いわゆる年越し派遣村やネットカフェ難民と呼ばれる新型スラムがある。もちろんネカフェや派遣村の人びとは必ずしも不法占拠者ではないが、かつて地方から都市へ吸い寄せられた人びとの末裔であり、都市圏で賃労働を行うほかに、食料とエネルギーを得る手段をもたなくなった人びとである。そのような生存形態は、前近代の農村や漁村における自給自足的な生存形態とは似ても似つかない。ネカフェ難民の発生には、かつてスラム（貧民窟）を発生させたのと同じ力学が働いている。

スラムとは、低賃金労働者が居留せざるを得ない区域や場所を指す（これがスラムの定義）。低賃金の労働形態は、かつては日雇い人夫や季節労働者くらいしかなかったかもしれないが、今日では派遣社員や契約社員、アルバイトやフリーター、就職浪人やプータロー、ニートや引きこもりなどの、多彩なバリエーションを見せている。彼らが居留せざるを得ない場所、それが今日のスラムである。

したがって、スラムと聞いて19世紀の貧民窟のようなものを連想してしまうと、新型スラムの発生を見落とすことになる。今日のスラムは外観から判定できないほどのバリエーションをもつ。なかには依然として貧民窟風のものもあれば（東京の山谷地区など）、空調と飲料を完備した快適な個室もある（ネットカフェ）。そうした見かけの違いに惑わされず、その共通性を形式的に掴むことで、初めて新型スラムの在処を嗅ぎ当てることができる。

新型スラムの発生には、たいていの場合、新たな労働手法（雇用形態）の発明と、定住手法の発明が背後に控えている。たとえば平成不況が都内のブルーシート難民をもたらし、派遣法がネットカフェ難民をもたらし、総量規制がリゾート高層マンションのスラム化（ゴーストタウン化）をもたらす、というように。その意味では、私たちがいつも見慣れており、場合によっては住み慣れている場所が、新型スラムにほかならない可能性もある。

もっとも端的な例として、郊外ニュータウン(ベッドタウン)なるものがある。郊外ニュータウンも、特定の時期における新型スラムである。もちろん郊外ニュータウンの住民も不法占拠者ではないが、かつて農村や漁村から引き剥がされて都市圏に吸い寄せられた人びとであり、近代都市が唯一の生存場所となった人びとである。彼らは近代都市で賃労働を行う他に、食料とエネルギーを得る手段をもっていない。賃労働をせずには生きていけない生存形態は、前近代の集落(漁村や農村)にはなかったもので、19世紀スラムの貧民たちにはじまる生存形態である。もちろん郊外ニュータウンの住民は「中産階級」と呼ばれたが、高度経済成長期における「中産階級」なるものは、他国に対する低賃金労働者のことなのである。彼らはそうした低賃金労働者になるほかなかったし、郊外ニュータウン以外のどこにも行けなかった。郊外ニュータウンなるものは、一見してスラムに見えない洗練されたタイプの新型スラムであり、高度経済成長期における「中産階級=低賃金労働者」のための巨大なスラムである(筆者もその出身者のひとりである)。

ちなみに、その後の郊外ニュータウンは、少子高齢化によってスラム化(ゴーストタウン化)してきたといわれる。だがそれは、いまになって突然スラム化したというような代物ではなく、本来スラムにすぎない本性がむき出しになってきたと説明した方が実情に即している。こうした郊外ニュータウンのありさまが、近年では各方面から注目を浴びるようになったが、それは煎じ詰めると新型スラムに対する注目である。それは、とりもなおさず近代都市の長期的・外部的な欠陥に対する注目である。

もうひとつ、若い読者のために記憶に新しい新型スラムを挙げておこう。東日本大地震の発生当日における東京圏の帰宅難民というのも、新型スラムの最新版である。帰宅難民とは、災害などによって都市交通が遮断され、ベッドタウンへの帰路を断たれた賃労働者が、着の身着のままで駅舎や公共施設に碇泊した状態を指す。彼らも不法占拠者ではないが、賃労働のために毎日近代都市に吸い寄せられている人びとであり、近代都市圏が唯一の生存場所となった人びとである。帰宅難民たちが碇泊した場所は、瞬時に発生したり消滅したりするという流動性の高い新型スラムである。

このように、近代都市は新型スラムを続々と発明してきたし、今後も発明していくことになる。したがって「近代都市はスラムクリアランスに成功した」という常識的な見解は、短期的で内部的な錯覚である。長期的かつ外部的に見れば、近代都市（および産業資本主義）こそスラムを絶え間なく生み出す原因である。より控えめにいっても、近代都市はつねに新鮮なスラムを必要としてきたし、新型スラムの発生によって発展してきたのである。そうした労働人口の「調整しろ」をもつがゆえに成長する都市形態が、近代都市である。

もちろん筆者は、郊外ニュータウンという世界的に量産された巨大な新型スラムについて、並々ならぬ関心をもっている。[*9] また、ネカフェ難民や帰宅難民といった新型スラムについても、人後に落ちない関心をもっている。そこに近代都市のアキレス腱が現れているからであり、近代都市の欠陥がむき出しになっているからである。

逆にいうと、現状の都市形態がどこまで近代性を克服し、次の都市形態へ移行しつつあるかを見ようとしたら、新型スラムの形式分析がひとつの判定基準になるだろう。その意味で、現在までの新型スラムが少しずつバリエーションを増してきたこと、また少しずつ細分化されつつあること（スラムの総面積は増大しているとしても）、そしてどの新型スラムもおしなべて継続維持が困難になってきたことは、今後の来たるべき都市の姿を示唆している。

ここで仮に、近代都市の次なる都市形態を「現代都市」と呼ぶことにしよう。ただし、筆者の考えでは、現代都市とは空想的な未来都市のようなものではなく、その萌芽は必ず近代都市の欠陥の中にあり、その欠陥によって近代都市がのたうち回ったあげくに現代都市を出現させる、と考えている。その意味で、近代都市と現代都市の違いは、ことスラム問題をめぐっては、次のような差異になる。

まず近代都市の歴史とは、スラムの根絶を誓ってはじまったものの、モグラたたきのように新型スラムを絶え間なく発生させるという歴史であり、ついには新型スラムの発生に依存

＊9　郊外ニュータウンについての筆者の論考として「近代都市」参照（『10＋1』創刊号、1994年）。

しながら「成長」し、あるいは「低成長」するという歴史になった。この近代都市の「成長」や「低成長」とは、経済的な意味での成長や低成長とほとんど同義である。つまり経済が高度成長すると巨大な新型スラムが発生し、経済がバブル崩壊すると別種の新型スラムが発生し、経済が微増の低成長をするとまたもや別種の新型スラムが発生するというのが、近代都市ののたうち回りの歴史である。

これに対して現代都市は、いわばポスト低成長時代の都市形態である。それは究極的に、脱資本主義時代に備えた都市形態になっていくだろう。もしくは脱資本主義への移行期における都市形態になるだろう。つまり現代都市は、ことスラム問題に限っていうと、新型スラムのさらなる発生を必要としない都市形態になるだろう。それは低賃金労働者の居留区という「調整しろ」を、これ以上拡大させない都市になる。あるいは定常状態で維持する都市になる。

これを都市計画の手法に即して説明していくと、まず近代都市計画が行ってきたようなスラムクリアランス（再開発）とは、実際には別の新型スラムを発生・拡大させるだけであり、そのような都市計画に希望を見出すことはできない。そうではなく、すでに生じている多様な新型スラムの保存修復の方に可能性があると考えられる。先にその一部をあげたが、国内の歴代スラムに限っても、主なものとして（A）前近代由来の木造町家街、（B）戦後以来の貧民窟ないしバラック街、（C）戦後復興期の町工場付き家屋街および木賃住宅ベルト地帯、（D）高度経済成長期の郊外ニュータウン、（E）平成不況期における高層ゴーストマンション、（F）新自由主義政策期における高層マンション街、（G）都市間競争時代における海外移民の団地街、（H）低成長時代におけるネカフェやマン喫（雑居ビル）、（I）派遣法時代における年越し派遣村（公園や河川）、（J）高齢化社会における老朽木賃アパートエリア、（K）就職難時代におけるルームシェア（老朽マンション）、（L）大災害時の公共施設の転用、といった合計12種類前後のスラムエリアがあり、今後も近代都市の命脈が保たれている限り、新たなバリエーションが出てくることになる。ただし、それは必ず有限個のバリエーションにとどまる。それは決して無限に増え続けることはない。[*10] 仮にそのピークを20種類のスラムバリエーションが出揃った状態だと想定すると、第一に必要なのは、20種類の歴代スラムをクリアランスしようとしないことであり、間違っても近代都市計画（再開発）をしてはならないことである（おそらくその頃にはそうした再開発は無意味化している）。

その逆に、20種類の歴代スラムのバリエーションを保ったまま、個々のスラムエリアを保存修復し続けるのが望ましい。その理由のひとつは、スラムを根絶できないことが近代都市計画史の教える貴重な教訓だからであり、もうひとつの理由は、スラムのバリエーションを

＊10 新型スラムが無限に発生し続けることがあり得ないのは、経済成長が無限に続くことがあり得ないため。また都市人口が無限に増え続けることもあり得ないため。

保存修復していくと、都市圏全体の冗長性が高くなるからである。冗長性とは、人間にとって意図的に計画できないものだが、唯一それを掌握できるのが、既存の事物を保存しながら転用するときである。この冗長性をどこまで「広く・浅く」保持しうるかが、都市の長期的・外部的な存続にとって決定的になる。特に新型スラムの問題（労働人口問題）が、近代都市をのたうち回らせたあげくに別の都市形態を生み出すということでの予想からすると、冗長性が都市人口のバッファとしても重要になると考えられる。

この場合のマスタープランの役割は、個々のスラムエリアが都市圏全体にとっての異質なサブセット群となるように、位置づけなおすことになるだろう。ちょうど近代都市計画のマスタープランが森林や河川などを保存対象としたように、現代都市計画のマスタープランは、20種類の歴代スラムを保存修復地区として設定するのが望ましい（自然公園法のかわりにスラム保存法のようなものが必要）。いわば近代都市計画が先行する自然（緑地）をよくも悪くも絶対視したように、現代都市計画は先行する歴代スラムをよくも悪くも絶対視するというイメージである。そのためには計画思想の転換や、理論的な枠組みの転換が必要になるが、それはすでに各方面ではじまっていると考えられる。[*11] そして最後に、これらの多様で冗長なスラムエリア群は、それぞれ小さな公的セクターによって、分散的に維持されるようになっていくだろう。それを成しうるような制度転換や権利譲渡の試行錯誤が、すでに別のところではじまっているからである。[*12]

もちろん都市間競争によって人口が激減した都市や、移民人口や観光人口が増えない都市は状況が異なり、既存のスラムエリアを保存修復地区にするよりも、破壊地区に指定するケースが出てくるだろう。ただしこの破壊地区も、何度もいうように、再開発のための用地ではない。またこの破壊地区は、上述した歴代スラムの保存修復地区とは異なって、次の役目を負うものになる。つまり人口が激減した都市における破壊地区は、逆農地転換を行うためのエリアとして、あるいは逆エネルギー用地転換を行うエリアとして、活用されることになるだろう。それは都市から集落へという転換を促すためのエリアである。この場合のマスタープランの役割は、いわば都市の安楽死を手助けするものになる。都市から集落へという命がけの飛躍を緩和するという意味での都市の安楽死である。その意味では、この破壊地区に対するマスタープランの方が、上述した保存修復地区に対するマスタープランよりも重要であり、現代都市に対するもっとも長期的・外部的な把握が必要な作業になる。

＊11 先述した新型スラム（郊外ニュータウン）に対する各界からの注目のあり方は、スラムを根絶しようという近代的な欲望とは無縁であり、また戦後のスラムに対するダーティーリアリズム的な欲望とも無縁であり、いずれでもない別の価値観へシフトしている。こうした価値転換は、日本以外の旧先進国の都市部において、ほぼ自然発生的に同時に生じている。

＊12 文中の「小さな公的セクター」とは、現時点の受皿でいえば自治体よりも市民団体や一般社団法人や宗教法人、NPOやNGOのこと。日本だけでなく旧先進国に共通して、行政から市民団体への業務委託というかたちで、さまざまな施設維持の試行錯誤がはじまっている。

以上の展望は、冗長で異質なサブセット群として現代都市を捉えたところにポイントがある。ただし、個々のサブセットの内容や、それらの集合のさせ方については、次節以降のほぼすべての問題とかかわるため、この続きは改めて述べる。

## 第2条——人口流動性の問題

近代都市の第2の欠陥は、都市人口をめぐる問題である。近代都市計画は、人口流動性を軽視したという欠陥をもっている。その発端は、近代都市が誕生する際に、いわば人口流動性の問題にのたうち回りすぎたことにある。あまりに激しいのたうち回りから逃れる方策として、近代都市計画が辿り着いた思想が、都市を集落（コミュニティ）のように整備するという思想であり、人口流動性を定着性によって乗り越えようという発想である。だが、都市人口の問題とは必ず人口流動性の問題であり、集落人口の問題（人口定着性）とは異質である。都市（人口流動性）と集落（人口定着性）は完全に別物であり、両者を明瞭に区別しないと、都市に対する誤った介入を繰り返すことになる。[*13]

この問題（人口流動性の軽視）は、モダニストが考えている以上に重大である。また、人口流動性の問題は、今後ますます重要になっていくと考えられる。そこで、ここでは若い読者のために、近代都市が人口流動性の問題にどのように対処してきたか、そのどこに問題があったのか、経緯を辿りながら説明しておこう。

もともと近代都市の誕生は、人類史上希有の「異常な人口流動性」に端を発している。「異常な人口流動性」とは、もちろん19世紀前半にイギリスの諸都市が味わった急激な人口流入・人口膨張のことである。いわゆる産業革命によって軽工業の工場が都市内に乱立し、個々の工場主たちが農村から多量の農民たちをスカウトし、賃労働者とするべく都市へ続々と送り込んだ過程で生じた、異常な人口流動性のことである。フリードリヒ・エンゲルスの『イギリスにおける労働者階級の状態』(1845年)は、1840年代のマンチェスターやロンドン、エディンバラやグラスゴーにおける異常な人口流動性の顛末を、これでもかとレポートしている。個々の街区がわずか数年で崖から転げ落ちるようにスラム化していくそのありさまは、息をのむような恐ろしさがある。それは今日の新型スラム(年越し派遣村やブルーシート難民)がパラダイスに思えてくるような、激烈なスラムの発生である(資本の原始的蓄積)。中世からさほど構造的に進化していなかった都市に、中小規模の繊維工場がひたひたと進出し、その労働

＊13 本文でいう「人口定着性」「人口流動性」という用語は、社会学や政策学や不動産学における意味内容とは異なっている。ここでの「人口定着性」「人口流動性」とは、都市計画に必要な限りでのそれである。すなわち「人口定着性」とは、食料生産地とエネルギー生産地という「特殊な土地」に定住することによって生存しようとする人びとの生態のことを指す。これに対して「人口流動性」とは、そうした「特殊な土地」から引き剥がされた人びとの生態を指す。そして前者の人びとの生存装置として企てられるのが集落であり、後者の人びとの生存装置として企てられるのが都市である。本文中で「都市(人口流動性)」「集落(人口定着性)」と記されている場合、両者の生存戦略の違いが念頭に置かれている。

者によって街区全体がいきなりスラム化したようなケースが続々と挙げられていく。街区の中の住居では、わずか12㎡程度のワンルームに12人が折り重なって寝起きするといった居住形態や、老人であろうと幼児であろうと労働力として投入されるといった労働形態、また排泄設備がないためフローリングをはがして床下を肥溜めにした豚小屋のような居住環境が常態化したり、そこから得体の知れない疫病が発生したり（チフスやコレラ）といった事例が続々と挙げられる。若きエンゲルスはほとんど怒り狂っているが、そのレポートは正確であり、同時代の宗教団体やイギリス政府による記録と同じく誇張はない。

人口流動性は、産業資本主義の起動とともに生じた不可逆的な変化である。それはひとたび惹起(じゃっき)されてしまえば、工場主やイギリス政府が悔い改めたところで停止することはない。また産業資本主義は人類にとって完全に未知のものだったから、かくも後戻り不能の変化を都市と農村にもたらすことになろうとは、資本家もイギリス政府も予測していなかったに違いない。そのかわり、それらの都市問題を解消するものとして、近代都市計画の常識がかたちづくられていくことになる。たとえば業務地区と住居地区の分離、上下水道の整備、適正な人口密度の設定といった、さまざまな常識が試行錯誤で練り上げられていくことになる。それらの常識すべての根底を成すのが、スラムに対する敵視と、それをもたらした人口流動性に対する恐怖である。これが後のあらゆる近代都市計画に受け継がれていく。ここまではほぼ問題ない。

19世紀末になると、産業資本主義の主戦場が軽工業から重工業へ移行したため、都市の人口膨張はほぼ定常状態になった。ただし、数十年前の狂ったような人口流入の記憶が生々しかったため、人口流動性は依然としてもっとも恐るべき都市現象のひとつであった。この19世紀末という特殊な時期——人口流動性の嵐が都市から一瞬消えたように見えた産業構造の転換期——に、後に近代都市計画の源流のひとつとなるエベネザー・ハワードの『田園都市』（1898年）が構想されている。もちろん「田園都市」でも人口流動性は警戒されている。たとえば「田園都市」では住民たちが設立する協同組合によって土地所有を一括することになっているが、それは人口流動性を阻止するための制度的な工夫である。つまり今日のような土地私有制のもたらす過度の土地流動性＝人口流動性（乱開発のもたらす人口流動性）を阻止しようとしているのである。「田園都市」の外周にグリーンベルトがめぐらされているのも、スプロールのもたらす土地流動性＝人口流動性を食い止めるためである。ただし、その裏面として、「田園都市」は人口流動性よりも定着性を理想とするものになり、都市というより集落（コミュニティ）を理想とするものとなった。ここに最初の錯覚がある。

もともと社会活動家だったハワードには、都市より集落（コミュニティ）を評価する傾向があり、あたかも都市と集落を交換可能な選択肢のように見ている節がある。つまり人口流動性（都市）と人口定着性（集落）を選択可能な2つのメニューのごとく捉えているのだが、産業資本主義が起動してしまった都市にとって、そんな選択などあり得ないといわなくてはならない。人口流動性（都市）と定着性（集落）の間には、不可逆的な変化が横たわっており、それは産業資本主義の起動によってもたらされている。それ以降、いかなる都市も人口流動性から逃れることはできなくなっている。

ハワードの「田園都市」、たとえばレッチワースは、ほぼ100年経った今日でも良好な環境を保っている。ゆえにそれは人口流動性を克服した都市の姿のように見えてしまうかもしれない。ただし、「田園都市」が人口流動性を克服したように見えるのは、単にそれが都市ではないからなのだ。もちろん「田園都市」には業務地域が備わっており、ベッドタウン（住宅街）ではない。ただし、業務地域を備えているからといって都市になるというわけではない。集落にも業務地域はあるからだ（農場・漁場）。都市と集落の区別は、業務地域の有無ではなく、人口流動性の有無によってなされなくてはならない。その意味で「田園都市」は都市ではない。それは近代的な擬似集落である。*14

都市と集落を区別すること、いいなおすと人口流動性（都市）と定着性（集落）を区別すること、その上で後者でなく前者に取り組むことは、近代都市計画（産業資本主義以降の都市計画）にとっての絶対的な要請であったはずである。ひとたび農地や漁場から解き放たれてしまった人びとを、どのように生存させうるかという問題、すなわち都市における人口流動性の問題が、近代都市計画の取り組むべき最大の課題だったはずなのだ。だが、近代都市計画の主流は、「田園都市」をひとつの規範としたことに表れているように、人口流動性を定着性に戻って克服しようという考え方になり、もっと端的にいえば、都市（人口流動性）を集落（人口定着性）へ戻そうとするかのような考え方になった。この思想が、20世紀初頭にドイツで建設されたジードルングをはじめとして[*15]、20世紀の多くのモダニストに共有されてしまう。だがそれは、人口流動性をなかったことにしようと考えるようなものなのだ。

もちろん「短期的に」であれば、人口流動性がないかのような街区もかろうじて実現できるだろう。だが、その状態を「長期的に」維持することはできないのだ。産業資本主義がひとたび起動してしまった社会において、人口流動性をなかったことになどできるわけがない。

＊14　ハワードの「田園都市」が「都市」ではない理由は本文中に述べた通りだが、かといって「集落」とも呼べず、「疑似集落」としか呼べない理由は以下の通り。「田園都市」は食料生産地（農地や漁場や水源地）とエネルギー生産地（山林や河川）を有していないのに、あたかもその土地に定着すれば生存できるかのように偽装した街である。それは前近代の集落（農業共同体・漁業共同体）における最重要の生存戦略（食料生産地とエネルギー生産地に定住することによって生存するという戦略）を備えていない。ゆえに「田園都市」は集落ではない。単に前近代の集落を偽装した「疑似集落」である。

＊15　20世紀初頭（両大戦間）のドイツでジードルング（公営住宅街）を量産したヘルマン・ムテジウスやハインリッヒ・テセナウ、ブルーノ・タウトといったモダニストは、残念ながら「田園都市」に影響を受けている。なお、ドイツのジードルングについては、都市ではなくベッドタウンにすぎない（業務施設をもたない住宅街にすぎない）という指摘がなされることがあるが、その指摘は肝心の問題を曖昧にする。もちろん住居地域だけの街よりは業務地域が加わった街の方が望ましい。だが真に直視すべき問題は、業務地域の有無でなく、人口流動性に解答しない限り都市とはいえないこと、せいぜい近代的な疑似集落にしかならないことにある。そして、それが都市でないならば、長期的・外部的な生存拠点たり得ないことにある。

人口流動性とは厳然たる事実であり、産業資本主義以降の都市を貫く「長期的・外部的」な現実である。すでに人口流動性と定着性の間には、乗り越え不能の切断線が走っている。

近代都市計画を推進したモダニストたちが、にもかかわらず人口流動性を定着性によって解消できるかのように錯覚したのは、都市を「短期的・内部的」に捉えてしまったことに一因がある。「内部的・短期的」に都市を見ている限り、都市は大きな集落のように見えてきてしまうし、都市（人口流動性）と集落（定着性）の違いもわからなくなってしまう。だが「外部的・長期的」に見れば、集落とは「特殊な土地」（食料生産地・エネルギー生産地）に定着することで生き延びようとする人びとのための生存拠点であり、都市とはそうした「特殊な土地」から引き剥がされて生き延びようとする人びとのための生存拠点である。その意味では、近代という時代ほど、都市が集落からほど遠くなった時期はなく、人口流動性（都市）を定着性（集落）に戻せなくなった時期はない。

人口流動性というのは侮れない相手であり、軽視してはならない相手である。だがそのことが、多くのモダニストにはどうしても納得できない。彼らはなんとしても人口流動性（都市）を定着性（集落）に戻って解消しようと考えてしまう。その結果、近代都市計画は、最終的に人口定着性（集落性）を「短期的」にのみ、実現するものになっていく。それは「特殊な土地」（食料生産地とエネルギー生産地）のかわりに代替地（たとえば宅地）に人びとを定着させるものになっていく。だが食料生産もエネルギー生産もできない代替地（宅地）

は、「長期的」な生存拠点たり得ない。そのため近代都市計画は、「長期的」には必ず人口流動性に足をすくわれるものになっていく。

人口流動性に対する軽視は、先述した20世紀初頭のドイツのモダニストばかりでなく、20世紀前半の北米のモダニスト（プラグマティスト）にも共有されている。クラレンス・A・ペリーの『近隣住区論』（1929年）がその典型である。

近隣住区論の場合、複数の住居街区によって人口5000人程度のクラスターを形成し、クラスターの中心に小学校（ないし集会所や教会などのコミュニティ施設）を備え、街区間を基本的に歩行者専用ゾーンとし、クラスター外周部に幹線道路を通し、外周道路沿いに店舗を並べるという構成をとる。計画人口の大きい開発事業の場合はクラスターを増やして全体を構成すればよく、非常に使い勝手のよい計画理論である。ただし、その住区構成と人口構成の手法に表れているように、近隣住区論も都市というより集落（コミュニティ）を理想とし、人口流動性よりも定着性を理想としている。そのため近隣住区論によって実現された街は、人口定着性（集落性）が保たれている期間はおおむね良好だが、人口流動性が惹起されると荒廃するという構造的な欠陥をもっている。

その欠陥があらわになったのは、むしろ90年代後半以降の他国においてである。すなわち近隣住区論をさまざまな条件下で活用していった他国の郊外ニュータウンやベッドタウンのその後の姿においてである。近隣住区論は、20世紀中頃にはG7諸国の公営のベッドタウンや郊外ニュータウンの計画手法として採用されるようになり、60年代の開発事業にとっての理論的支柱となった（日本では多摩ニュータウンをはじめとして日本住宅公団（現都市再生機構）の開発事業の多くを支えた）。どのベッドタウンや郊外ニュータウンも30年間程度は人口定着性が保たれ、おおむね想定内の居住環境が保たれたといってよいが、90年代後半以降になって人口流動性・土地流動性が再燃するとともに破綻しはじめることになる。

破綻の契機となったのは、主として（1）土地の流動化が契機となって破綻するというパターン。土地私有制（投機制）と新自由主義政策（容積緩和）が契機となり、たとえば周辺地域に高層マンションが乱立することで人口流動性が再燃し、それによる地域の人口密度分布の変化によって近隣住区のコミュニティ性が崩壊するというパターン。（2）物流のロジスティクス革命が契機となって破綻するパターン。たとえば周辺地域にコンビニエンスストアや郊外大型店舗などが乱立し、地域の店舗バランスが激変し、住民の行動圏が変化することにより、近隣住区の店舗比重設定やコミュニティ性が蒸発するというパターン。（3）少子高齢化が契機となって破綻するパターン。少子高齢化がただちに空き家率として現れてしまうといった現象は、前近代の集落（農業共同体・漁業共同体）にはなかったことで、近代都市の居住様式（核家族による持ち家制度）において初めて生じる現象であり、これも人口流動性の別の顔である。そのことが近隣住区の空洞化をもたらしゴーストタウン化に行き着くパターン、などがある。いずれのケースも、人口流動性が呼び覚まされるとともに人口定着性（集落性）が崩壊するという共通点がある。近隣住区論は、人口定着性（集落性）の「短期的・内部的」な実現に執着したために、「長期的・外部的」な人口流動性の再燃に対して備えていないという脆さをもっている。

その後の近隣住区論は、G20諸国においても自動的に採用され、いまでは世界の開発事業の多くを支えるに至っている。そのどれもが人口流動性の再燃については放置しているという、無防備な状況が生まれている。そのため、いまのところ良好な状態を「短期的」に保ってきた旧G7諸国の郊外ニュータウンやベッドタウン、またG20諸国の郊外ニュータウンも、「長期的」には人口流動性が覚醒するとともに崩壊する恐れがある。

念のためにいうと、崩壊した場合の行き着く先は、郊外ニュータウンやベッドタウンの本性であるところのスラム性の噴出である。スラムとは、19世紀（貧民窟）の昔から、人口流動性の問題と切っても切れない間柄にある。人口流動性の問題に解答し損ねたときに生じる都市現象が、スラムなのである。そして多くの郊外ニュータウンやベッドタウンの本性が潜在的なスラムであることは、前節で述べた通りである。たとえば中国の延べ６００万人を擁する多量の大規模ニュータウンは、ただひとつの例外もなく、新型スラムである。ゆえに今後、人口流動性の再燃に何らかの対策が打たれない限り、30年後にはまるごとスラム化したとしても、驚くには当たらない。

だが街の人口が減り、新型スラムの本性がむき出しになればなるほど、やはり街には人口定着性が重要だ、集落化（コミュニティ化）が必要だ、という思考が復活してきてしまう。だがそれは、間違った要求であり、間違った発想なのである。都市（人口流動性）を集落化（定着化）しようと頑張ったとしても、「短期的」にしか成立しないのみならず、その「短期」が終わればスラムとしての本性がむき出しになる。人口流動性が再燃するまで30年なり50年なりしかかからないというのは、都市にとっては「短期的」というより「瞬間的」というべきだろう。人口流動性を定着性に戻そうとする発想に誤りがある。

もちろんモダニストの仕事の中にも、相対的に好ましい事例はある。たとえば１９４０〜60年代に戦後の各国でなされた公営の低所得者専用集合住宅街である。相対的に好ましい理由は、スラムをあくまでスラムとして整えたからであり、低所得者層がつねに一定数残り続けることを覚悟したからである。ゆえにそれは、人口流動性に応える建築型を生み出す可能性をもっていた。ただし、それは政策者サイドや企画者サイドで期待されていたのに、肝心の施設設計者（モダニスト）によってなし崩しにされたという印象がある。おそらく多くのモダニストにとって低所得者専用集合住宅とは、単なる「貧しい集落」にすぎないのだろう。つまり低開発国における過渡的な産物にすぎないか、経済成長をして欧米のようになれば無縁になるような産物にすぎないのだろう。あるいは、多くのモダニストにとっての人口流動性とはせいぜい賃貸住宅のことで、人口定着性とは分譲住宅でしかないだろう。だが人口流動性とはそうした「短期的・内部的」な次元の話ではなく、産業資本主義以降の都市である限り、貧しい国でも富める国でも、貧しい者にも富める者にも、借家人にも持家人にも、万人に刻み込まれている生存形態のことである。その上で、もし人口流動性の問題に取り組むのであれば、貧しい者には貧しい者なりの人口流動性があり、富める者には富める者なりの人口流動性があり、富める国には富める国なりの人口流動性があるというように、人口流動性の種別を明らかにするような議論に移行したはずなのだ。あるいは、計画時点の人口流動性はA型であるが、50年後にはB型ないしC型になるだろう、といった人口流動性の生成変化を問うような議論に移行したはずなのだ。あるいは、せめて一部の街区でもよいから人口流動性A型に備えた建築型と街区型にしてみようといった試行錯誤が、なされていたはずなのだ。だがそうした感覚が多くのモダニストには見られない。[*16]

このように、近代都市計画は、19世紀前半から21世紀初頭の今日まで、人口流動性に対す

*16 都市の居住施設において、人口流動性を重視した事例として、1930～60年代のニューヨークにおけるグリニッジ・ヴィレッジがある、それは人口流動性を応用ないし善用することによって、既存のスラム街を突然変異させた事例である。ジェイコブズがこだわったように、この時期のグリニッジ・ヴィレッジは、19世紀において事実上スラム街だったものを、個々の入居者たちが部分ごとに、かわるがわる、絶え間なく保存修復していったあげくに生じた突然変異である。この時期のグリニッジ・ヴィレッジにおける知的・文化的な活力は、人口流動性に対する許容力から生じている（ただし、どうすれば第二、第三のグリニッジ・ヴィレッジを生み出せるのかについては、十分に解明されていない。ある規模のメトロポリスにおける自生的なスラム街を立地とすること、周辺街区に大学や商店や文化施設などの多様なエリアが取り巻いていること、街区規模が歩行圏であること、個々の住民たちが保存修復を行うこと、多様な年齢層が住むこと、家賃ないし分譲費が安いこと、といった初歩的な条件までしかわかっていない）。

る取り組みを避け、もっぱら人口定着性にかかずらっており、その過程で膨大な新型スラムを生み出してきた。すなわち近代都市計画の歴史とは、当初は人口流動性に対する底なしの恐怖からはじまったものの（19世紀前半）、しばらくして恐怖というより警戒するというレベルになり（19世紀末〜20世紀前半）、続いて警戒というより軽視というレベルになり（20世紀中盤）、ついには放置するという最終段階へ移行した（20世紀末〜21世紀初頭）。このような足掛け3世紀にわたる人口流動性の黙殺は、近代都市計画にとって取り返しのつかない汚点ではないだろうか。というのも、人口流動性を軽視するなどということは、産業資本主義以降の都市計画にとって、本来あってはならない話なのである。人口流動性を軽視したような計画は、都市計画の名に値しないといわなくてはならない。

逆にいうと、近代都市の次なる都市形態（現代都市）は、人口流動性の問題に対する3世紀ぶりの取り組みの中から出てくることになると考えられる。つまり人口流動性の問題に対して、近代都市計画とは異質な対処をする作業から、現代都市が出てくることになるだろう。

ここで現代都市にとっての人口流動性の前提を確認しておこう。

今日の都市人口35億人とは、人口流動性を味わった人びとが35億人ということである。この35億人は、前近代の集落のような「特殊な土地」（食料生産地とエネルギー生産地）に定着することで生存しうる人びとではなく、その土地から引き剥がされて流動化した人びとである。この35億人のための生存拠点となるのが都市であり、それを企てるのが都市計画である。35億人をすべて「特殊な土地」（食料生産地とエネルギー生産地）に定着させることが不可能である以上、35億人が集落人口になることはあり得ない。近代都市計画の教訓は、彼らを別の代替地（たとえば宅地）に定着させてはみたものの、食料もエネルギーも生産しない代替地では長期的・外部的な生存拠点たり得ず、30年なり50年なり経つと人口流動性が顕在化してしまうということにあった。

したがって現代都市計画にとって、残された道は、人口流動性がそれ自身の自然成長性によって制御されるような方法を、模索することだと考えられる。いいなおすと、人口流動性が現にどのような都市現象をもたらしているかに注目し、その傾向や法則性に沿うように、都市の計画目標（現代都市像）を転換し、計画技法を工夫していくことだと考えられる。都市を集落（ないし疑似集落）に戻そうといったモダニストの計画目標は、人口流動性を無視した恣意的な目標設定であった。もっと人口流動性のもたらす都市現象にフィットするように、私たちの目標と手法を変容させていかなくてはならないだろう。

冒頭の「はじめに2――1990年代後半以降」で述べたように、現時点での人口流動性には大きくいって2つのタイプがある。近代化の初期に現れる人口流動性（農漁村↓都市）と、終焉期に現れる人口流動性（都市A↓都市B）である。前者は19世紀にイギリスの諸都市が最初に味わい、今日のG20諸国の諸都市が味わっている人口流動性であった。後者は今日の旧G7諸国の諸都市において顕在化している人口流動性である。そして後者の人口流動性は、前者の人口流動性の延長線上に、おおむね自然発生的に生じてきている。したがって後者の人口流動性の中に、現代都市計画の抱くべき都市像が潜んでいると考えてよい。

後者の人口流動性は、90年代後半以降にようやく都市現象として国内外で認知されるようになったもので、その傾向や法則性について十分に解明されたとはいえない。ただし、すでにいくつかわかっている傾向がある。以下の5つの傾向を、なるべく先入観なしで、また恣意的な都市像を抱かずに、事実として注目してみよう。

（A）旧G7諸国では、都市人口が国民数の70%に達するあたりで、後者のタイプの人口流動性が激化したこと。特に海外からの人口流出入（移民や観光）を伴っていること。

（B）後者のタイプの人口流動性は、個々の国内都市同士の人口流出入だけでなく、海外都市からの人口流出入（移民や観光）を伴っていること。

（C）この人口流動性は、一部の都市においては人口集中をもたらし、多くの都市では人口減少をもたらすという、二極化を進行させること。

（D）この二極化のうち、人口集中が生じる都市においては、都市というより広域的な都市圏が形成される傾向があること（すでに東京圏は人口3000万人を突破した）。

（E）この二極化のうち、人口減少の生じる残りの都市においては、中心部の空洞化が続くとともに周辺部の低密度な開発（低密度なスプロール現象）が進行するという、別の意味での広域的な居住圏が発生すること。

以上の5つである。もちろん今後も上記以外の都市現象が必ず出てくるはずだが、ここでは以上の5つを前提に話を進める。ちなみに、以下では現代都市の計画目標（現代都市像）に絞って説明し、それを実現するためのマスタープランの役割や、個々のエリアの説明については改めて述べる。

これらの二極化しつつある都市圏・居住圏に共通しているのは、中心集約型ではなく広域型・多焦点型の圏域が発生しつつあることだろう。もちろん両者の人口密度は著しく異なり、面積や規模も著しく異なっている。だが広域的・散逸的・多焦点型な圏域が生成しつつある点においては、共通している。

この広域現象を尊重すると、まず肝に命じなくてはならないのは、これらの広域的な都市圏ないし行動圏を、決して中心集約型に戻そうとしてはならないことである。たとえば国交省のいうようなコンパクトシティをめざすことは、基本的にあり得ないだろうと考えられる。これらの人口流動性の現れは、決してコンパクトシティに向かっていない。そうした状況下でコンパクトシティを強引に実現することは、新手のスラムクリアランスをするのと同じであり、新型スラムの再生産に帰結することになる。しかも、コンパクトシティという計画目標（都市像）は、都市人口や国民人口をあいかわらずスタティックな総量として捉えたことに根拠をもっており、依然として都市人口を集落人口のように捉えている。それは人口流動性を必ず定着性に押しとどめようとする発想を呼び覚まし、新型スラムの再生産に行き着くことになる。何度もいうように、人口流動性の問題は都市計画にとって手強い相手であり、侮れない相手である。人口流動性に取り組むのであれば、過去3世紀の常識に不用意に頼ってはならない。

むしろ5つの都市現象から浮上するのは、もっと「多焦点的」で「広域的」な都市像である。それは、どの部分も密度分布が不均一になるような、ポーラス状ないしゼブラ状の広域都市だといい表すことができる。

「多焦点的」というのは、かつてのスプロール現象とその点において違っているためである。かつてのスプロール現象の場合、都心部からの遠心力として郊外スプロールが生じ、おおむね中心は安定しているという構造的な特徴があったが、上述した広域現象の場合、都心部は他の多くの中心のひとつになり、スプロール域も別の中心のひとつになるという、「多焦点的」な構造が生じている。

また「広域化」については、筆者の考えでは、たとえ仮に日本の人口が1億3000万人から6000万人に減少したとしても、その総数に合わせて個々の都市面積を縮小させねばならない理由はないと考えている。限界まで二極化（人口集中の生じる都市圏と、人口減少の生じる行動圏の二極化）が続くだろうし、その限界の先に出現するのは、コンパクト化ではなくて、前例のない都市圏構造と行動圏構造だろう。

人類史の都市形態の変遷からわかるのは、明らかに近代という時代が、あらゆる都市面積の実験場であり、あらゆる人口密度と施設密度の実験場であり、あらゆる建築型の実験場であり、あらゆる行動圏の実験場だということである。この実験場は、東京のように広域的で低密度な都市型を成立させたかと思えば、香港のように高密度な都市型も成立させている。より正確にいえば、香港の場合、１０００人／haの街区の隣に２００人／haの街区があるという、密度格差の組み合わせの実験場だと見ることもできる。あるいは東京の某エリアの場合、一方には高層マンション街、隣には前近代の木造長屋街があるのに、どちらも同じ８００人／haを達成しているという建築型の実験場、ないし施設密度の実験場だと見ることもできる（中央区佃島）。もちろん東京はどこまで広域な都市が成立するか、あるいはどこまで低密度な都市が成立するかという、都市面積と都市密度の実験場でもある。また行動圏の実験場、つまり都市面積と行動圏がどこまでズレられるかという実験場でもある。行動圏が都市面積より大きいケースもあれば、極小のケースもあるが、近代ほどその食い違いの実験を行っている時代はない。こうしたさまざまな都市現象は、必ずや次の都市形態をもたらすことになる。施設密度や人口密度がすべからく不均一に分布する広域都市のためのノウハウが、知らずに試行錯誤されてきたと見るのが妥当だと考える。

ここで前節において述べた「冗長で異質なサブセット群としての現代都市」という展望を噛み合わせると、その「冗長で異質なサブセット群」の中に、人口密度の異なる多くのエリア群が含まれることになるだろう。また、そもそも街区という計画単位も相対化されるだろうと考えられる。街区と建築型ではロジカルタイプが異なるが、それらが同じように都市要素として併置されている状態は、香港においても東京においてもすでに生じている。これらも異なるサブセットとして広域都市に吸収されることになるだろう。また、この冗長な広域都市は、領域的にはきわめて郊外から、かつての中心部までの広大な圏域を含むものになるだろう。ただし、全体として高密度であったり低密度であったりすることはなく、人口密度・施設密度・空地率が不均一になることはほぼ間違いない。さらに、この冗長で不均一な広域都市圏は、ほとんどボーダーレスになる可能性も残されている。そのため、場合によっては都市と集落の両者をその不均一な圏域に包摂する可能性も残されている。

ちなみに、ポーラス状ないしゼブラ状の広域都市という場合、すぐさま思い浮かぶ反論として、インフラ維持の不経済性や、エネルギー輸送の損失率や、物流の非効率性などの問題が、若い読者の頭にも思い浮かんだかもしれない。ゆえに広域的な都市を運営するのは不可能だという結論が、思い浮かんだかもしれない。たしかに都市の運営を今日の国家なり資本なりが行うという体制を継続しようとしたら、広域的な都市は運営できないと思う。ただし、近代国家や資本によって都市を運営するという発想は、過去3世紀に成立した常識であり、ゆえにその常識の方が間違っている可能性がありうる。その意味では一度はその常識を疑ってみる必要がある。だがこの問題（平たくいえば現代都市の運営主体）については、各節の説明が進んだ時点で改めて述べるが、この文章を最後まで読まれれば疑問は解消されるはずである。

ここで紙幅が尽きた。以降の近代都市の7つの欠陥は次の機会に述べることにする。

# 2——ゾーニングの問題（2012年）

## はじめに5——質問に答える

前回文章を掲載した後、筆者は「9か条」の残りの内容を口頭で発表することを求められ、公開レクチャーや討論会において何度か説明を行った。[*1] そこでの質疑応答の中から頻繁に交わされた4つのやりとりを取り上げて、前回文章を補足することからはじめたい。

【Q1】近代都市の定義とは？

【A1】ある都市が近代都市かどうかを判断するには、その都市域の内外でやりとりされている生存物資や生存技術などが「近代特有のものかどうか」による。より詳しくいうと、都市活動の根底をなすところのエネルギー・食料・人・情報・技術が「近代特有のものかどうか」による。[*2] この意味での近代都市の定義とは、（1）その都市域の外から内へ供給されるエネルギーが、近代エネルギー事業（石炭・石油・ガスなどのエネルギー事業）の産物であること、（2）その都市域の外から内へ提供される食料（穀物や水など）が、近代農業・

近代漁業の産物であること、（3）その都市域の外から内へ補給される労働力が、賃労働をベースにしていること、（4）その都市域の人びとに与えられる情報が、近代情報産業の産物であること（郵便事業や電波事業や出版事業など）、（5）その都市域の人びとに与えられる技術（建設技術から生活技術まで）が、近代技術であること、（6）その都市域の内外における（1）〜（5）の物流や流通が、近代交通や近代インフラに依存していること、である。

＊1 現代都市のための9か条とは、1新型スラムの問題、2人口流動性の問題、3ゾーニングの問題、4食料とエネルギーの問題、5生態系の問題、6近代交通の問題、7セキュリティの問題、8かいわい性の問題、9都市寿命の問題（詳細は前節参照）。
なお、筆者が呼ばれた公開のトークショーとは以下の5つのこと。
（1）「Hyper den-Cityと都市の行方」（八束はじめ・西沢大良・吉村靖孝、2011年11月12日、於六本木TSUTYA）
（2）公開レクチャー「現代都市の9か条」（西沢大良、2011年11月29日、於東京理科大学野田校舎）
（3）「LIVE ROUNDABOUT JOURNAL 2011 列島改造論2・0」（大野秀敏・八束はじめ・豊川斉赫・中島直人・吉村靖孝・西沢大良・南後由和・藤村龍至、2011年12月3日、於LIXIL銀座）
（4）「都市・居住・スラム」（西沢大良・糸長浩司・日埜直彦・林憲吾、2011年12月20日、於日本建築学会建築会館）
（5）第15回現在建築史研究会「現代都市の9か条」（西沢大良、2012年2月19日、於YGSAパワープラントスタジオ）

＊2 前回、筆者は都市一般についての定義を述べた。都市とは外部からエネルギー・食料・人・情報・技術を調達し、またそれらを外部へ破棄し戻すことにより、長期的に持続しようとする生存拠点であった。そうした都市一般の中で、さらに近代都市を特定するには、それらの調達と破棄が「近代特有のものであるかどうか」が決め手になる。

筆者がこの定義を用いる理由は、近代都市に対する従来の定義を改めるのが望ましいからである。「従来の定義」とは、近代都市を内部的・短期的な特徴から特定しようとするもののことで、たとえば都市内の一定の景観によって近代都市を定義する、あるいは都市内の機能性や利便性によって近代都市を定義する、などが一般的だろう。この内部的・短期的な定義には、都市を外部に対する長期的な生存拠点として捉える視点が欠けているため、都市活動というのがいかに外部に依存しているか、またそれをどれだけ長期に持続できるか、という2つの重要なポイント（外部依存性・長期持続性）を見失わせることになりやすい。その結果、たとえば都市内の景観を整えてみたものの、生存拠点としての能力は向上しなかったというような、都市活動の外部依存性を忘れたような都市整備がなされてしまう。あるいは都市内の機能性や利便性を向上させてみたものの、生存拠点としての長期的な継続力はむしろ損なわれたというような、都市活動の長期持続性を忘れたような都市整備もなされてしまう。こうした近代都市への介入は、その外部依存性・長期持続性を失念しているという意味で、無意識のうちに都市を集落のように整備しているようなものなのだ。だが何度もいうように、都市を集落のように扱うことは有害である。特に近代都市をそのように扱うことは有害である。そうした行為は都市活動の死滅に手を貸すことになる。このことは、都市と集落の生存戦略の違いを考えてみれば了解されるだろう。

丁寧に説明すると、もともと近代都市という存在は、過去のあらゆる都市形態の中で、もっとも内部的に完結しがたいレベルで成立している。それは決して近世集落（生産共同体）のような、おおむね内部で完結しうる閉鎖性（自給自足性）をもっていない。この近世集落（生産共同体）というのがおおむね閉鎖性を保つのは、内部に「特殊な土地」（食料生産地・エネルギー生産地）を抱え込み、その生産力を温存しながら存続するからである。ゆえにその生産力を絶やさないために、内部的な調節を絶え間なく行うことが、集落を整備するという場合には重要になる。だが近代都市はそうした生存戦略の上に成り立っていない。近代都市は冒頭の定義にあるように、外部との間で特定のエネルギー・食料・人・情報・技術をやりとりするという、一種の開放性によって存続するからである。したがってその開放性（外部依存性）のもたらす問題を、開放性を損なわずに解決することが、都市整備の主要な役割になる。

以上の違いを一言で対比すると、集落とは内部依存性（閉鎖性）によって長期持続性に到達しようとし、都市とは外部依存性（開放性）によって長期持続性を獲得しようとする。そのような都市を集落のように整備することは、開放性（都市）を閉鎖性（集落）に近づけるようなもので、都市活動の停滞や死滅につながることはあっても、長期持続性・外部依存性を向上させることはない。都市を集落のように整備することはその意味で有害である。[*3]

力点を変えていうと、近代都市の開放性（外部依存性）につきまとう問題は、集落（内部依存性）のように整備することで解決しうるものではなく、単に個々の都市域に「別の開き方」をさせることによって解決されるのである。つまり「特定の開き方」（近代都市）のもつ欠陥を、「別の開き方」（現代都市）へ移行させながら解消することが、今日の都市整備の役割である。もちろんそのためであれば、近代都市への介入は内部からなされて構わないし、もっとなされた方がよい。だがそれは、必ず「別の開き方」を編み出すための創意工夫でなくてはならない。以上の事柄を、今後の都市整備にとってのコンセンサスとするために、近代都市はその特定の開放性（外部依存性）から定義されることが望ましい。

もうひとつ、この定義を用いる理由がある。冒頭の定義によれば、1960年代までには見えなかったような、近代都市の異様な性質に気づきやすくなるのである。「近代都市の異様な性質」とは、今日機能している都市の大半がすでに近代都市と化したということであり、そのことが前回述べたようなさまざまな都市問題を地球規模でもたらすまでになったということである。筆者の考えでは、そのような存在として近代都市を改めて認識する必要があり、近代都市の再定義が必要になったと考えている。この再定義を行わない限り、今日のさまざまな都市問題は直視されず、放置されたままになってしまうだろう。

詳しくいうと、今日の都市現象として、前回述べたG20諸国における近代都市の量産も無視できないのだが、その一方であらゆる国や地域において、先行する近世都市や近世集落が続々と近代都市へ転換されてきたことも、無視できないのである。そのため今日では、典型的な近代都市計画による産物ばかりでなく（郊外ニュータウン型や新都心型）、近世都市の佇まいを残した近代都市というのもあれば（既成都市の近代化）、近世集落の景観を内部に温存した近代都市というのもある（既存集落の近代都市化）。つまり、こうしたさまざまな景観性や機能性を内部において許容しながらも、依然として成立しうる都市のあり方こそが、近代都市という存在なのだと、改めて認識されるべきだと考えられる。さらに、このような都市の大量発生ならびに無差別形成が、もともと近代都市に備わっていた属性から可能に

＊3　煩雑さを避けるために本文から割愛したが、近代都市を内部的に整備するだけで都市活動が繁栄しうる幸運な時期、というのがある。それは、都市の近代化（産業資本主義化）のプロセスにおける次のような「中期」のこと。本文中で後述するように、都市活動の継続力は、外部とやりとりするエネルギー・食料・人・情報・技術の総量で決まるが、それらの流通・物流の状態を考えると、都市の近代化の過程は「初期・中期・末期」の3つの時期に区別できる。
初期とは、上述した総量（P）が増大傾向にあるが、その流通を許容しうるだけの基盤整備（Q）が追いついておらず、その構築が盛んになされる時期のこと（$P>Q$かつ$\Delta P>0$）。国内都市では１９６０年代初頭〜70年代初頭がこの時期である。

中期とは、総量（P）が安定的な増加傾向を保ち、かつその流通や物流のための基盤整備（Q）もすでに構築されており、都市活動を阻害する要因が解消された時期のこと（$P<Q$かつ$\Delta P>0$）。国内都市では70年代初頭〜90年代中盤がこの時期である。

末期とは、総量（P）が定常状態ないし減少傾向に移行していく時期のこと（$P<Q$かつ$\Delta P<0$）。国内都市では90年代後半以降がこの時期である。

これらのうち「中期」においては、都市域を内部的に整備しているだけでも都市活動の継続力は損なわれないため、内部的な都市観がリアリティをもつ。だが今日の国内都市は近代化の末期であり、あるいはその次のステップである近代都市からの「移行期」であり、内部的な整備によっては都市活動の継続力は向上しない。

なったのだと、認識されるべきだと思われる。従来の定義はこうした認識を妨げている。

従来の近代都市の定義は、都市内の景観性や機能性に固執するあまり、上述した都市現象（都市の大量発生と無差別形成）を近代都市とは無縁のもののように捉えさせ、枝葉末節の事象のごとく見せてしまう。だがそれは枝葉末節どころでなく、近代都市の重大な性質を決定的に示している。近代都市という存在は、そこが近世都市であれ近世集落であれ更地であれ、常に己を出現させるための餌場と化すという、異様な性質をもっているのである。この外部浸食性とでもいうべき重大な性質が、従来の近代都市の定義には窺われない。なぜなら従来の定義は60年代までに確立されていて、これほどの都市の大量発生と無差別形成を想定できなかった時代の産物だからである。そうした定義を、もし現時点において改めないとしたら、この都市現象（都市の大量発生と無差別形成）が近代都市とは無縁だという説明が必要になってくる。だがこれほどの都市の大量発生と無差別形成は人類史上に前例がなく、近代都市の出現以降に初めて生じており、しかも今日のほぼすべての都市問題の源泉になっている。従来の定義を撤回するかどうかは、決してごまかしてはならないだろう。

筆者の考えでは、近代都市に対する従来の把握には、近代都市の**さまざまな形成のされ方**に対する認識が欠けている。これに対して冒頭の定義には、近代都市の内外でやりとりされるエネルギー・食料・人・情報・技術が、対象地を問わずに浸透するタイプのものであることが記されている。とすれば近代都市という存在は、そこが更地であれ近世集落であれ近世都市であれ、等しく己を形成するための地盤と化すという、異様な性質（外部浸食性）をもっていることを理解しうるだろう。また、上述した都市の大量発生と無差別形成が、近代都市の属性による必然的な帰結であることも理解しうるだろう。今後の都市への介入は、近代都市のその性質（外部浸食性）を見失わないことが望ましい。その上で、かくも量産と拡大を続ける近代都市という存在を、どのように改良すれば長期的・外部的な生存拠点たりうるか、考案されることが望ましい。

## 【Q2】なぜ人口流動性という視点が必要か？

【A2】人口流動性というのは筆者の造語だが、これは近代都市計画のどこに間違いがあり、今後の都市計画をどのようなものにすべきかを、人口問題に関して明らかにするためのもの。その前提となるのが、前回述べたように、まず人口定着性（集落）と人口流動性（都市）を区別することであり、次に人口流動性の中の異なるタイプを区別することである（以下では人口流動性A型とB型と呼ぶ）。

手短に繰り返すと、過去3世紀にわたり、集落から都市までのさまざまな生存拠点を突き動かした原動力は、人口定着性・人口流動性A型・人口流動性B型という3つの生存形態であった。人口定着性とは、近世集落（農業共同体・漁業共同体）として結実した生存形態のことで、その根底には「特殊な土地」（食料生産地とエネルギー生産地）に定着することで生き延びようとする人びとの生存戦略があった。人口流動性A型とは、産業資本主義の起動とともに惹起した生存形態のことで、その根底には都市へ移住し賃労働者となることで生存物資（食料とエネルギー）を得ようとする人びとの生存戦略があった（集落→都市）。人口流動性B型とは、産業資本主義の衰退期に生じる生存形態のことで、その根底には賃労働をもはや持続しがたい人びとの生存形態があった（都市A→都市B）。これらのうち、第一のものから第二のものへの変化（人口定着性→人口流動性A型）を最初に味わったのがイギリスで（18世紀末〜19世紀中盤）、その変化については、もちろんマルクスによるすさまじい分析がある（資本論第1巻24章「資本の原始的蓄積過程」[*4]）。その後、同じ変化は旧G7諸国で繰り返されることになり（19世紀末〜20世紀中盤）、今日ではG20諸国で繰り返されている（20世紀末〜21世紀初頭）。さらに、今日の旧G7諸国においては、第二のものから第三のものへの変化（人口流動性A型→B型）が、さまざまなかたちで現れている（20世紀末〜21世紀初頭[*5]）。そのため今日の地球上に存在しているのも、いまのところ人口定着性・人口流動性A型・人口流動性B型の3つである。

よりイメージしやすい用語に置き換えてみると、人口定着性というのが人体にとっての風邪のようなものだとすれば、人口流動性とはインフルエンザのようなものだといえる[*6]。さしずめ人口流動性A型とB型は、インフルエンザにおけるA型ウイルスとB型ウイルスのようなものである。そして近代都市計画は、本来ならばA型ウイルス（集落→都市）に対するワクチン剤（都市計画）になるはずだったのに、どちらかといえば風邪薬（集落計画）に近い代物になってしまったといえる。前回述べた1960年代に日本でマニュアル化された高度経済成長という処方箋も、A型ウイルス（集落↓都市）に対する日本製ワクチンとして期待

＊4　「資本の原始的蓄積過程」とは、産業資本主義が起動するまでになされた資本の形成過程のこと。マルクスによるとイギリス近世史のほぼすべてがそれに費やされる。その過程は15世紀の自営農民の拡大（農奴制の廃止）にはじまり、その最終局面である18世紀から19世紀前半の激烈な「農地からの農民の掃き捨て」に至る。この「掃き捨て」られた農民たちのうち都市へ追いやられた人びとが、賃労働者に改造され、マンチェスターやグラスゴーにおいて劣悪なスラム（貧民窟）をつくり出す（人口流動性A型）。

＊5　今日の旧G7諸国の諸都市における人口流動性B型の症状はさまざまで、まだすべての症状が現れたとはまったくいえないが、現時点で次のものがある。移民流入、頭脳流出、観光や開発資本の移動、「特殊な土地」の投機化、失業率の上昇、都市間競争、税収低下、自治体と中央政府の対立、少子高齢化、女性高学歴化、核家族の崩壊、低賃金労働者の拡大、ミドルクラスの崩壊、新型スラムの拡大、ゴーストタウンの拡大、官僚機構の肥大、教育と医療と福祉の破綻、格差拡大、人権制限、経済徴兵制など。これらはいずれも、個々の都市域における産業資本主義の衰退（いわゆる雇用流出と労働分配率低下）によって起きている。

＊6　近世集落の人口定着性を人体における「風邪」になぞらえたのは、すでに健康体でなくひとつの病気であるため。近世集落における共同体は、決して理想的なものではなく、土地の生産力の収奪や環境破壊に行き着いたケースも多い。また今日のような人権（特に生存権）はなく、私有物や商品経済もほぼ存在しない。近世集落よりも「健康」だった状態としては、近世狩猟採集民をあげる説（民俗学）、中世遊牧民を挙げる説（歴史学）、中世都市ならびに集落を挙げる説（社会学）、原始共同体を挙げる説（宗教学）、先史時代の狩猟採集生活を挙げる説（人類学）などがある。
他方、人口流動性を「インフルエンザ」になぞらえたのは、この段階で死に至る病になったため。

され、そのようなものとしてG20諸国において接種されてきた。問題は、それが単なる風邪薬にすぎなかったこと、つまり偽ワクチンにすぎなかったこと、あるいは短期的にしか効かないワクチンだったことにある。日本製ワクチンを投与すると、30〜50年後にB型ウイルス（都市A→都市B）を発症させてしまうからである。

その意味で、今日の旧G7諸国における人口流動性B型の拡大は、一種の耐性ウイルスの出現になぞらえることができるかもしれない。A型ウイルス（集落→都市）に対してひたすら近代都市計画を施してきたことが、B型ウイルス（都市A→都市B）の覚醒に行き着いたためである（なお人口流動性A型に対するワクチンとして、日本製の他にアメリカ製のものがある）。[*7]

以上のメカニズムが明瞭化したのが90年代後半以降であった。こうしたメカニズムを全体として理解すれば、今後の都市計画の方向性として、次の3つのことを了解しうるだろう。

第一に、目下拡大しつつある人口流動性B型（都市A→都市B）に対して、近代都市計画を繰り返すことには意味がないこと。そんなことをすれば、B型ウイルス（都市A→都市B）をA型ウイルス（集落→都市）のごとく誤診することになり、しかもその誤診によってますますB型ウイルスが拡大していくことになる。もともと人口流動性B型は、近代都市計画を過剰に接種したあげくの耐性ウイルスの出現であった。近代都市計画を施せば施すほど、

B型ウイルスは猖獗(しょうけつ)をきわめる、といった関係にある。近代都市計画をこれ以上継続することは、可能な限り避けることが望ましい。

第二に、したがってB型ウイルス（都市A↓都市B）に対しては、新しいワクチンが必要であり、しかもなるべく長期的な効果をもたらすワクチンが必要である。人口流動性が恐ろしいのは、A型にしてもB型にしても、産業資本主義が都市から消え去った後も残り続ける

＊7 人口流動性A型（集落↓都市）に対するアメリカ製ワクチンとは、1960年頃から（特に1970年代以降に）アメリカによって後進国向けに投与されてきたもののことで、世界中に膨大なメガスラムを生み出してきた（中南米諸国、南アジア諸国、中近東諸国）。そのメカニズムは以下の通り。

（1）世界銀行（ないしIMF）による開発援助プログラムによって、ある後進国の近代化が開始され、都市基盤が整備される（港湾施設や高速道路や工業団地など）。

（2）当初はその国の近代化が起動したかのように見えるが、実際はその国の一部の富裕層の近代生活を向上させるだけであり、大多数の国民は前近代の生活水準のまま放置され、単に国外からの借金を増やし続けるものになる。

（3）その国の対外債務が天文学的な数値に達すると、世界銀行（ないしIMF）による構造調整プログラムによって外貨獲得を迫られ、自国の資源（農地やエネルギー生産地）を多国籍企業へ譲り渡さざるを得なくなる。その多国籍企業は、多くの場合アメリカ資本の多国籍企業である（エクソンモービル社やテキサコ社、ユナイテッドフルーツ社やドール社）。

（4）多国籍企業は、かつてイギリスでは4世紀かかった「農民の掃き捨て」をわずか数年で完了させる。その結果、農地やエネルギー生産地から一挙に「掃き捨て」られた膨大な人びとが、行き場を失って都市へ集まり、その内外で膨大なメガスラムをつくり出す。他方で農地の荒廃やエロージョンも進む。

アメリカ製ワクチンは、投薬直後は薬のような働きをするが、実際には別の病原体を植えつけるという毒薬である。この偽ワクチンを投薬された地域や国では、産業資本主義が本格的に起動することはなく、流産し続けることになる。なお、ここでも近代都市計画（港湾計画や道路計画やエネルギー基地計画など）は必要不可欠なツールとして、決定的な貢献を果たしている。

ことにある。前回述べたように、人口流動性というのは自ずと消え去るようなものでなく、人類の生存形態を不可逆的に変えてしまった長期的な事態である。そして何度も強調するように、この人口流動性の受け皿となるのは都市しかなく、そうした生存拠点を企てるのが都市計画の役割である。この意味での都市計画は、可能な限り長期的な効果を及ぼすことが望ましい。

第三に、人口定着性・人口流動性A型・人口流動性B型という3つの病気の中で、もっとも重篤であり、もっとも治療方法を欠いているのは人口流動性B型だろう。もちろん人口流動性A型に対しても、人類の手中にあるのは2つの偽ワクチンだけであり（アメリカ製と日本製）、十分に処置されてきたとはいえないが、その偽ワクチンによって時間稼ぎをしていったあげくにB型ウイルスが出現したのである。このB型ウイルスには偽ワクチンすらもなく、なす術もなく放置されているのが実情である。そのため、近い将来生じる次のような都市現象について、私たちは完全に丸腰状態にある。

G20諸国、たとえば中国における都市人口の比率は、昨年（2011年）ついに50％に達したが、旧G7諸国の過去の経験によれば、それが70％を超えるあたりでB型ウイルスを発生させることになる。この中国発のB型ウイルスは未曾有の規模になり、さまざまな未知の症状を人類史に刻み込むことになると思われるが、それに対する処方箋はどこにもない。[*8] 人口定着性・人口流動性A型・人口流動性B型という3つのうち、もっとも処方箋を欠いているのは人口流動性B型である。

以上見てきたように、人口定着性・人口流動性A型・人口流動性B型の3つを区別することで、従来の都市計画のどこに間違いがあり、今後の都市計画がどういう方向性をもつべきかについて、一定の見通しを得うることができるだろう。

## 【Q3】今後の都市計画を誰が行うかという、計画主体についての見解は?

【A3】従来の建築界の通念によれば、1960年代の近代都市計画批判(ジェイン・ジェイコブズやクリストファー・アレグザンダーなど)によって計画主体が否定され、都市計画

＊8 今後の中国においてどのようなB型ウイルスが発生するかについては、旧G7諸国にはない要素がひとつだけあることはある。中国共産党が過去半世紀にわたって行ってきた戸籍管理制度のことだが(農村住民と都市住民を戸籍表示して居住地を指定する制度)、この制度を都市人口比率が70%に達するまでに改革すれば、B型ウイルスの異常発生をある程度沈静化できる可能性が、ないこともない。ただし、目下の筆者の予測では、この戸籍制度は20世紀の共産主義国家の農業政策(農村人口の流出を国家権力によって阻止しようとした政策)を引きずったものであるため、もっとも成功しても瞬間的な制止にとどまるだろう。もともと20世紀の共産主義国家は、おそらく『資本論』(第1巻24章)を誤読したことにより、「農地からの農民の掃き捨て」を国家権力によって阻止しうると考え、激烈な農業政策を行った(旧ソビエト共産党、毛沢東時代の中国共産党、カンボジアのポルポト政権など)。それらはいずれも農業人口を人為的に確保するという共通点をもつ。だがこうした農業政策は、むしろ近世における常套手段であった。近世の主権者たちは、集落から都市に至るまで、人びとの居留地を人為的に指定することに重きを置いたのである(絶対主義国家)。おそらく20世紀の共産主義国家の主導者たちは、近代都市と近世都市を混同したのであり、近代農村と近世集落も混同したのである(共産主義と絶対主義も混同した)。彼らの行った都市整備は、絶対主義国家時代(近世都市)の都市のリバイバルであった。

の不可能性が立証されたと見なされてきたが、筆者はそのようには考えていない。その理由は、前回述べたように、ジェイコブズにしてもアレグザンダーにしても、（1）前近代の計画都市に対して好意的であるため、（2）今後の都市計画について希望を捨てていないため、（3）ゆえに今後の代替手法の提案や構想を、彼ら自身が主体となって行っているためである（文言だけだとしても）。これらを落ち着いて考えてみれば、彼らは都市計画が不可能だとは考えていないこと、計画主体を否定していないこと、がわかるだろう。

彼らが否定したのは、前回述べたように、「特殊な時期」の「特定の計画主体」だけなのである（経済成長期におけるモダニストの否定）。というよりも、実際には特定の「主体」ですらなく、特定の「手法」を否定しただけである（近代都市計画技法の否定）。ジェイコブズたちは、主体性批判といった観念には因われていないし、計画不可能性の立証といった欲望ももっていない。彼らは単に計画手法Aを疑問に思い、計画手法BやCに変えたらどうかといっただけである（計画手法A＝近代都市計画、計画手法B（ジェイコブズ）＝ミクストユース・歩行者街路・老朽施設・人口高密度など、計画手法C（アレグザンダー）＝パタンランゲージ・スラムサーベイなど）。一言でいえば、彼らは近代都市計画にかかわる代替手法の必要を述べたのである（計画手法A→計画手法B、C）。まずこのことを間違えないようにしよう。

以上を確認した上で、今後の都市計画を行うために、60年代と90年代後半以降の違い、すなわち計画主体の置かれた状況の違いを考えてみよう。前回述べたように、90年代後半以降は60年代までとは比較にならないほど、近代都市の量産期であった。つまり60年代までとは比較にならないほど、大量の計画主体（都市計画家・土木設計者・建築設計者）が都市計画を行った。ただし、誰が計画しても同じアウトプットしか得られなかったという意味で、成果品としてはおおむね1種類であった（近代都市）。今日の計画主体の問題はこのこと以外にはないのだが、というのもこうした計画主体のあり方によって近代都市の大量生産が可能になり、多大な影響を地球規模にもたらしているためである。

この今日の状況は、どんな主体であっても必ず計画手法Aを実行するという量産体制であり（近代都市計画）、誰であろうと、近代都市をひたすら量産させるという受発注体制であることは、60年代のジェイコブズたちの議論の核心が代替手法の実行にあったことからすると（計画手法A→計画手法B、C）、状況としては悪化している。近代都市の量産期である「失われた40年」（1970年代初頭～2010年代初頭）において計画主体を取り巻いていたのは、こうした受発注体制であった。

「失われた40年」になされなかったこと、つまり今日もっとも欠けていることは、計画手法A（近代都市計画）に取ってかわる代替手法の提示である。またその代替手法を、前掲の質疑応答で述べたような意味で、創意工夫をもった手法に練り上げていくことである。そして願わくば、その代替手法が明確なコンセンサスとして結実することが望ましい。このことなしに、代替手法が実行されることは望めない。逆に、もし明確なコンセンサスが形成されれば、それが真の意味での発注者に影響を与えることができるだろう。

「真の発注者」とは、現状の国交省なり民間開発業者といった短期的な思惑に絡めとられた団体のことではない。国交省や民間開発業者が気を揉んでいるところの市民や世論のことである。国内においては市民ワークショップ制度やオンブスマン制度は十分に浸透したとはまだいえないが、これらは「失われた40年」において成長してきた唯一の突破口である。この延長上に生じる協議体や委員会（行政ベースでなく市民ベースのもの）が、代替手法を実行しうる「真の発注主体」になるだろう。

むしろ今日の計画主体が注意すべきなのは、二度と間違ったコンセンサスを醸成しないこと、つまり間違った代替手法を練り上げないことである。そのためには、計画手法A（近代都市計画）の欠陥を認識する必要があり、また、採用に至らなかった過去の代替手法、たとえば計画手法B（ジェイコブズ）やC（アレグザンダー）の欠陥を認識する必要がある。そのようにして60年代の近代都市計画批判は、「失われた40年」が終結した後に、新しい都市計画のために揚棄されることが望ましい。計画手法A（近代都市計画）に取ってかわる計画手法DやEの創出が盛んになされ、明確なコンセンサスとして結実することが望ましい。

## 【Q4】 今日の国内都市の人口問題についての見解は？

【A4】 今日の国内都市における人口現象を大きく分けると、地方都市における人口減少と、東京圏などにおける人口膨張がある。この2つの人口現象は、一見すると正反対の動きに見えてしまうため、正反対の計画目標に収斂しそうな気配がある。たとえば前者に対してシュリンキング・シティ（国交省用語でいえばコンパクト・シティ）という計画目標が立てられていて、後者に対して近代都市計画の反復（デベロッパー用語でいうと再開発事業）という計画目標が立てられている。おおまかにいうと、前者は人口減少に合わせて都市面積を縮小させようとし、後者は人口増大に合わせて都市面積を拡大させようとする。この2つの計画目標は、どちらも間違っているといわなくてはならないのだが、というのもどちらも都市活動の長期持続性についての展望をもたず、外部依存性についても軽視しているためである。

まず前者のシュリンキング・シティ（コンパクト・シティ）の間違いについては、いくつかの指摘方法があるが、前節までの内容から理解できるように説明する。シュリンキング・シティ（コンパクト・シティ）の場合、国内の地方都市における面積縮小を、孤立した集落における面積縮小であるかのように捉えていることに問題がある。近世集落（生産共同体）——厳密には住民数でなく世帯数が生存単位なのだが——の場合、たしかに世帯数が著しく減少すると、集落面積の縮小が行われる。ただし、集落内の生産地（農地や漁場など）の縮小はなるべく行わず、生産力を維持したまま可住面積だけを縮小させようとする。その理由は、生産力を減らさず食い扶持だけを減らすことにより、生産力を相対的に向上させ、生存拠点としての長期持続性を向上させるためである。したがって集落において面積縮小が起きるとき、長期持続性は放棄されていないばかりか、それを上方修正するためになされる。集落面積の縮小というのは共同体を滅ぼしかねない危機的な局面であるために、長期持続性を向上させる場合に限って実行されるのである。これに対してコンパクト・シティ（シュリンキング・シティ）という計画目標は、それに対置しうるような生存戦略の上方修正を伴っていない。都市活動の長期持続性が向上するという展望がない。内部に生産地をもたない都市において面積縮小を行うことが、長期持続性を向上させることは基本的にはない。ある都市域の継続力は、あくまで外部とやりとりするエネルギー・食料・人・情報・技術の総量によって決まる。これらの総量（密度でなく）を増大させるような展望がない限り、都市面積をどのように変えても長期持続性は向上しない。シュリンキング・シティ（コンパクト・シティ）という計画目標には、以上の矛盾がある。

　ちなみに、こうした矛盾をもった計画目標が喧伝されている理由を考えた結果、筆者としては次のような疑惑に行き着かざるを得なかった。それは都市面積の縮小を行った場合、長期持続性を獲得しうる者がいるとしたら、国交省だということである。つまり個々の都市域の市民はどうあれ、国交省それ自体の長期持続性の向上が目論まれているとしか、筆者には思えない。もともとコンパクト・シティ（シュリンキング・シティ）を正当化している理屈、たとえばインフラ維持費なり財政再建なり高齢者対策なり福祉予算なりといった理屈は、税金収奪を効率的に持続したいという意味であり、とりもなおさず国交省の長期持続性を上方修正したいという願望である。だがもし仮に、ある都市域の面積縮小が都市活動の長期持続性の向上につながるというのであれば、税収云々でなく、外部とやりとりされるエネルギー・食料・人・情報・技術の総量が、縮小前より高くなることが証明されなくてはならない。そのための対策を伴わない場合、縮小前と比べてそれらの総量は変わらず、その都市域の長期的な運命は変わらない。特に筆者が危惧するのは、その延長上にやってくるだろう、将来的な数度にわたる段階的縮小である。つまり30～50年後に改めて税収問題や国民数問題がマスコミを通じて喧伝され、30～50年サイクルでその都市域は縮小させられ、2～3回の縮小の後に都市活動の死滅に至ってしまう恐れがある。

念のためにいうと、筆者は地方都市で地道な努力を続けておられる同業者諸兄の批判をいうのではない。筆者が考えた限りで、コンパクト・シティ（シュリンキング・シティ）という計画目標は、上述した総量を増加させるような別の対策を伴わない限り、危険な選択肢になってしまうということである。少なくとも国交省を除くすべての市民にとって、危険な選択肢になってしまうのである。したがって筆者としては、そのような危険な選択肢を喧伝している国交省の方を、むしろ縮小すべきだといわざるを得ない。

他方、後者の東京圏における人口膨張については、近代都市計画で応えようとすることに誤りがある。先に詳しく説明したように、近代都市計画は偽ワクチンなのであり、B型ウイルス（都市A→都市B）をますます悪化させるだけなのである。人口流動性B型（都市A→都市B）の症状を治癒するような計画が立案されない限り、東京圏といえども長期持続性は望めない。さらにもうひとつ補足すると、人口増大に合わせて都市面積を拡大しようとするこの発想は、今日の人口増大をかつての人口増大の再燃（人口流動性A型の再燃）のように錯覚している恐れがある。だが人口流動性A型（集落→都市）は一度だけしか起こらないし、産業資本主義の起動（農村からの農民の引き剥がし）は二度と起こらない。今日の東京圏における人口増大は、人口流動性A型（集落→都市）ではなくて、人口流動性B型（都市A→都市B）のひとつの現れなのである。つまり、先述した地方都市の人口減少と同時に生じるような、相互的な人口変動なのである（都市間競争）。さらに、海外都市との間で相互的に生じるような、長期的な人口変動である（移民、観光）。

もっとも広域的に説明しておこう。まず今日の世界人口はもちろん増大しつつあるが、その中の国や地域を見ると、人口が減少しつつある国や地域もあれば、増大しつつある国や地域もある。国でいえば日本は前者であり、G20諸国の多くは後者である。地域でいうと高緯度地域には前者が多く、中低緯度地域には後者が多い。さらに、それらの国や地域の中の諸都市を見ると、人口が減少しつつある都市もあれば、増大しつつある都市もある。日本の地方都市には前者が多く、東京圏は後者である。大事なことは、これらの人口現象（人口減少から人口増大まで）があくまで同時に進行していることである。つまり今日の国内都市における人口変動は、東京圏における人口増大にしても、地方都市における人口減少にしても、多数の都市間で生じる相互的な浸透現象として、外部的に把握される必要がある。またその延長上で何が起きるかについても、海外も含めた多数の地域間で生じる相互的な浸透現象として、長期的に捉える必要がある（移民、棄民、観光、投資、紛争など）。多くの都市の人口減少や人口増大が同時多発的に進行している今日の状況は、人口流動性B型の深化を示している（都市A↓都市B）。今日の旧G7諸国の都市人口の問題は、個々の都市域を孤立的に捉えている限り、間違った計画目標に吸収されてしまうことになる。あるいは一国の人口変動を、一都市が反復するようにイメージしていると、間違った計画目標に回収されてしまうだろう。

今日の国内において構想されるべき計画目標は、人口流動性B型（都市A↓都市B）のさらなる深化に応えうるような都市形態でなくてはならない。もちろん、人口流動性B型というのが人類にとって未経験ゾーンにある以上、何人たりともその最終的な姿を断言することは不可能だろう。ただし、そのおおまかな姿だけはいい当てることができる。今後ますます猖獗をきわめる人口流動性B型に追随しうるのは、複数の想定未来に耐えうるような、ある冗長性をもった都市形態である。それは、長期的な人口減少と人口増大のどちらに対しても、ある幅をもって応えうるような都市形態である。その意味では今日の地方都市における人口減少は、事と次第によっては人口増大に転じうるものとして、長期的に備えることが賢明であり、また人口増大している国内都市においても、事と次第によっては人口減少に転じうるものとして、長期的に備える必要がある。諸都市における人口減少と人口増大のどちらにも容易に傾きうるのが人口流動性B型（都市A→都市B）だからである。しかも、都市活動の長期持続性は都市人口（住民数）だけで決まるわけでなく、あくまで都市域の内外でやりとりされるエネルギー・食料・人・情報・技術の総量によって決まる。都市面積と都市人口を比例させるような捉え方は、集落においては意味をなすが（人口定着性）、あるいは産業資本主義の起動時の近代都市においても意味をなすが（人口流動性A型）、産業資本主義の衰退期にある今日の国内都市においては意味をなさない（人口流動性B型）。

もちろん「冗長性をもった都市形態」といっても、より人口減少に対する追随性の高い計画とか、より人口増大に対する応答力の高い計画といった冗長性のタイプの違いはあった方がよいし、あるはずである。だが人口減少と人口増大のどちらか一方だけを想定した国内都市は、今後の人口流動性B型の深化の中では長期持続性を獲得できないだろう。

前回から説明しつつある「不均一でまだらな広域都市」という計画目標は、その意味での長期持続性・外部依存性に応えるためのものである。さらに、筆者の考えでは、そこにいくつかの工夫を施すことで、人口流動性B型に対するワクチン剤を開発できると考えているが、その内容については次節以降の問題とともに説明したい。

## 第3条——ゾーニングの問題

近代都市の第3の欠陥は、ゾーニングをめぐる問題である。都市を住居エリア・業務エリア・商業エリア・工業エリアといった用途別に区分けする（機能別にゾーニングする）という、整備手法のもたらす問題のことである。[*9] この手法は、かつては都市問題を見事に解決していたが、その後のある時点から、ある理由によって、逆に都市問題を生み出す原因と化している。だが近代都市計画の用いるさまざまな計画手法は、必ず都市を機能別のエリアとして捉えることに立脚しているため、この欠陥が近代都市において解消される見込みはない。

この欠陥——機能的なゾーニングという整備手法が新たな都市問題を生み出すという欠陥——は、いわば近代都市の心臓部に生じた治療ミスのようなものであり、9つの欠陥リストの中のひとつの極北である。ただし、このような欠陥が生じてしまったのは予測不能の事件の渦中であり、ある意味では不可避的なことであった。そしてその不可避性を認識することなしに、この欠陥を解消することはあり得ないと思われる。そこで、以下では若い読者がそのことを理解しやすいように、なるべく経緯を単純化して述べてみよう。つまり機能的な

＊9　米国でzoningという場合、米国のzoning制度（都市施設のヴォリュームを立体的に規制する制度。日本における高度地区指定や道路斜線制限や天空率規制に近い）のことを指し、日本語のゾーニング（都市域を面的に地域や地区に分けること）とは無関係。ちなみに英国でzoningという場合は、おおむね日本語のゾーニングと同じような意味をもつ。

ゾーニングという手法がどのようにして誕生し、どの時点で新たな都市問題を生み出すものになり、どのような理由からそれが不可避的であり、ゆえに将来的にはどのような別の整備手法へ転換されうるか、順を追って述べてみよう。

## (1) 近代都市のゾーニング

もともと都市を機能別・用途別に区分けするという手法は、19世紀後半のイギリスおよびドイツで、産業革命の弊害に対する回答としてはじまっている。[*10] 産業革命の弊害は数多くあるが、ここでは初期に多用された蒸気機関によって、都市環境が著しく悪化したことを指す。18世紀後半に発明された蒸気機関（ニューメコン式でなくワット式のもの）は、当初は都市から遠く離れた鉱山における動力として用いられ（坑道の排水動力）、ただちに都市環境を悪化させることはなかったが、次第に都市へ接近してくるとともに巨大な影響を及ぼすようになる。すなわち蒸気機関はすぐさま都市間を結ぶ交易船の動力として転用され（河川の蒸気船）、続いて都市内外を移動する輸送機関の動力としても活用され（蒸気機関車）、ついに都市内の繊維工場における動力として据えつけられるまでになり、都市のあちこちで煤煙（ばいえん）や排水や廃棄物を放出し、大気や河川や公道を汚すという公害をもたらすようになる。

当時の繊維工場は主として紡績を行う工場で、その成果品は肌着や普段着などの衣類であったから、初期の消費人口からしていきなり大工場で大量生産をはじめるだけの需要は必ずしもなかった。だがワット式の蒸気機関はきわめて巨大な出力をもち、当時の紡績機（自動織機や力紡機）の求める駆動力をはるかに凌駕していたために、一台の蒸気機関に多数の織機や紡機を連結することで、ようやく紡績作業の動力として利用されたのである。この機

*10　機能的なゾーニング（都市域を機能別の地区や地域に分ける）という手法の起源は、実際には本文で述べるような直線的な誕生を見たわけではなく、いくつかの都市において異なった経緯を辿って生成している。時期的には19世紀中盤〜後半、明確な手法として定着するのは19世紀末から20世紀初頭、主な舞台はイギリスとドイツの諸都市である。

イギリスの諸都市においては19世紀の大半はほぼ無規制下のまま開発が先行し、都市域だけでなく郊外の乱開発にも及び、居住系施設（スラム）や公衆衛生に集中せざるを得ず、統一的に取り組まれたわけではない。

ドイツの諸都市においては、各都市ごとに異なった手法が試され、異なった法規に結実し、ドイツ内部でも一様ではない（プロシアの建築線制度・マスタープラン制度、フランクフルトの地域制制度・区画整理事業、ザクセンの総合法など）。

そのため機能的なゾーニングという手法の生誕地を、一都市に限定することは難しい。本文ではそうした経緯を単純化し、あたかも一都市で集中的に生じたものとして記述する。

ちなみに、日本における機能的なゾーニングの起源は、明治期におけるドイツからの建築線制度・街路線制度の輸入にはじまったという意味では、ドイツが起源である（プロシア）。

なお、近代都市計画の別の起源として19世紀中盤のパリでなされたオスマンの都市改造が挙げられることがあるが、オスマンのパリ改造は、ことゾーニングという観点から見ると、後述する近世都市における階級的なゾーニングの圏内にあり、機能的なゾーニングの起源とはいえない。オスマンによる都市改造は、筆者の考えでは、のちの20世紀の社会主義国家・共産主義国家の都市改造の起源である。直接的な影響関係という意味ではなく、どちらも近代都市と近世都市を混同し、近代国家（立憲主義）と近世国家（絶対主義）を混同し、いわゆるバロック式都市計画を行ったからである（軸線・広場・都市美・インフラに焦点を据えた都市改造）。近代国家がバロック式都市計画を行うとき、その背景にはたいてい近代と近世の混同がある。日本では明治初期の東京市区改正（現在の丸の内地区の都市計画）がその典型である。

構のもたらす帰結として、多数の賃労働者がひとつの工場にかき集められ、多くの機械（紡績機や蒸気機関）の生きた手足となり、その人びとと機械の群れ全体が多大なエネルギーの供給（石炭や冷却水）と廃棄物の放出（煤煙や汚染水や粉塵）を都市内で行わせるものになる（近代工場の誕生）。かくも大がかりな機構が、単に肌着をつくるために考案されたというのは後世の理解を絶しているが、この尋常ならざる大げさな機構を通して、肌着の生産競争と価格競争が行われるという、一種の悲喜劇的な段階に突入していくのである。すなわち、蒸気機関一台あたりの生産量を増加させる競争がはじまり、そのことがますます多くの紡績機を蒸気機関に連結させ、ますます多くの賃労働者を集結させ、ますます多大なエネルギーや廃棄物を都市にまき散らし、工場の拡張や大型化を成し遂げていく（19世紀前半）。しかもこの過程を追走するように、膨大な賃労働者が都市内のスラムをつくり出し、前回述べたようにその衛生環境を豚小屋以下へ低下させ、チフスやコレラといった疫病を発生させ、幼児死亡率を押し上げるといったことも日常茶飯事になる（19世紀中盤）。こうしたほとんど生存不能な環境が、都市という存在の意味内容になりかけたとき、ようやく人びとは正気を取り戻し、産業革命と産業資本主義に見合った都市形態を模索するようになる。そして工場地域と業務地域の分離や、住居地域と商業地域の区別などの、いわゆる機能的なゾーニングという手法が登場するのである（19世紀末～20世紀初頭）。この整備手法はもちろん成果を上げ、都市は人を殺さない程度に改善された。

ここまでの経緯から、機能的なゾーニングという整備手法が、産業革命期のテクノロジー（蒸気機関）のもたらす弊害（工場・貧民窟・公害・疫病）に対する起死回生の一打であったことを理解できるだろう。ただし、冷静に考えてみると、それはあくまで産業革命期のテクノロジー（蒸気機関）に対する対処療法であって、それ以外に対処すべき相手をもっていない。このことは、のちに蒸気機関が都市から消え去ることになったとき、あるかたちで顕在化することになる。つまり蒸気機関が不意に都市から消え去ったとき、依然として機能的なゾーニングを続けることは、解決すべき問題を欠いたまま整備手法だけを延命させるという、いわゆる形骸化の段階に入ることになるのである。この時点を境にして、この整備手法のもつ負の側面が、都市を別のかたちで苦しめることになる。

「形骸化」や「負の側面」とはこの場合、用途別に切り分けられた都市域が、あたかも機能制限や活動規制を課されたようなエリアと化していく、という意味である。たしかに機能的なゾーニングという手法はかつて工場エリアを業務エリアから区別するときには威力を発揮したし、スラムエリア（住居エリア）に改善命令を下すときにも有効であった。だがそうした確たる標的（蒸気機関・工場・貧民窟・公害・疫病）を失った後、機能的なゾーニングによって都市をひたすら整備していくと、都市が隅から隅まで行動制限や活動禁止を課されたエリアの集積と化してしまう。蒸気機関が都市から撤退しはじめるのは20世紀前半であり、おおむね過去の遺物と化すのは20世紀中盤である。したがってこの時点で、機能的なゾーニングという整備手法が形骸化しつつあることを、誰かが告発したとしても不思議ではない。そしてその告発は、この整備手法に信頼を寄せてきた都市計画家や建築家からでなく、その形骸化のありさまを冷静に見ていた部外者から発せられるのである。

1960年代になされたジェイコブズたちの近代都市計画批判の背景には、こうした計画手法の形骸化があった。彼女らの批判が近代都市計画の手法それ自体を標的にし、手法そのものが生み出す都市問題を対象化したのは、そのためである。特にジェイコブズの場合、機能的なゾーニングという手法のもつ活動禁止的な側面を、衝撃的なかたちで浮き彫りにした。

ジェイコブズによれば、前近代から存続している魅力的な街区、たとえば1950年代のグリニッジビレッジのようなダウンタウンには、良質なかいわい性が絶え間なく生じており、そのことが都市生活を生気溢れるものにしている。「かいわい性」とはジェイコブズ用語において は、単なる都市住民同士の交流やにぎわいといったことだけを指すのではない。「かいわい性」とは市民活動の特殊な状態のことを指しており、具体的には一定の都市域において、住民自治や相互扶助、経済活動や安全保障、地域福祉や環境維持などが継続的に生じる状態のことを指している（今日の用語でいえばセーフティーネットに近い）。この意味での「かいわい性」が絶え間なく生じている街区に、ひとたび機能的なゾーニングが施されると、「かいわい性」の生起は二度と起こらなくなると彼女はいう。なぜ起こらなくなるかといえば、ジェイコブズによると、機能的なゾーニングによって単一機能による街区形成（住居エリアや業務エリア）が行われてしまうからだという。彼女にとってモダニストの行う機能的なゾーニングなるものは、「かいわい性」の生起を根絶やしにする猛毒なのである。それに対して彼女が対置したのがミクストユース（2つ以上の機能を混在させること）であった。[*11]つまり機能的なゾーニングという整備手法は、もっと機能の重合や複合を促す手法へ転換されるべきだというのが、彼女の主張である。

この主張は、筆者の考えでは、攻撃対象（機能的なゾーニング）と最終目標（セーフティーネットとしてのかいわい性）は正しかったのに、そこに到達するための整備手法（ミクストユース）が不十分なものであったため、残念ながらモダニストの誤解を招くだけに終わったように思われる。ただし、その最終目標（セーフティーネットとしてのかいわい性）に示された彼女の認識は重要である。それは人びとの経済保障や安全保障や生活保障を、国家や大企業に委ねるのでなく、都市それ自体に備えつけることができるのだという、非常にオリジナルな発想である。おそらくこの発想は、20世紀になされた都市に対する認識の中で、もっとも秀逸なもののひとつである。だがこの認識については別の回で改めて検討すること

＊11　機能的なゾーニングに対してジェイコブズが対置したのは、ミクストユースの必要性だけでなく、高い人口密度、歩行圏の尊重、老朽施設の必要性、などがある。ここでは経緯を単純化させるため機能的な提案（ミクストユース）に問題を集約させている。詳しくは原典参照。

にしよう。話を戻すと、彼女は攻撃対象（機能的なゾーニング）と最終目標（かいわい性）を間違えることはなかったが、実現手法（ミクストユース）が不用意なものであったため、残念ながら二次災害をもたらしてしまう。というのも、この批判を受けた近代都市計画が、次のような軌道修正を行ってしまうからである。

1970年代以降の近代都市計画は、それ以前の単一機能による地区計画、たとえば住居群と小店舗によるいわゆるベッドタウンの計画をなるべく避け、業務地区や商業地区を加えた大規模ニュータウンを計画するようになり、いわゆる多機能な街づくりを行うようになった。国内の多摩ニュータウンから近年の中国の大規模ニュータウンまでが、業務地区から商業地区までの多機能なエリア構成を備えているのはその帰結である。この多機能性は、モダニストによる公式説明――つまり従来の住居専用街（ベッドタウン）のように母都市にぶら下がる街のあり方でなく、業務機能から商業機能までを含めた多機能な計画都市（大規模ニュータウン）を整備することで母都市から独立した街のあり方をめざすという公式説明――から離れて客観視するならば、ミクストユースを歪んだかたちで反映したものとなっている。というのも、大規模ニュータウンはマクロなレベル（マスタープランレベル）においてはミクストユースを反映しながらも、ミクロなレベル（街区レベル）においては単一機能による街区計画を貫いており、依然として機能的なゾーニングを貫徹しているからである。そのため、こうした多機能性は都市活動をさほど変えるものでなく、かいわい性を生起させるといったことは起きていない。つまり70年代以降の近代都市計画は、マクロにおいては多機能性を実現しながらも、ミクロにおいては隅々まで活動禁止を行き届かせるという、やや分裂症的な街づくりを行うようになる。

さらなる二次災害として、より深刻な今日の状況についても触れておこう。こうした多機能でありながらも活動禁止を貫く街づくりがその後40年あまりも続けられてきたために、今日ではむしろ住民の方がそれに慣れており、自分たちの活動が制限されているとは夢にも思わなくなっている。かいわい性（セーフティーネット）を備えた都市の重要性はとうに忘れ去られており、都市がそんなものを生成しうるとは誰も考えなくなっている。あたかも抵抗不能の校則に慣れてしまった中学生たちのように、大規模ニュータウンの住民たちも、自由の感覚を麻痺させられて40年が過ぎている。そのため、今日の大規模ニュータウンでの生活は、新型スラムの名の通り、かつての19世紀スラムを清潔にして巨大化し、十分な多機能性を備えているものの、肝心のかいわい性（セーフティーネット）をぬぐい去った日常と化している。だがそのような生活は、どんなに利便性が高くとも、都市活動が死滅するときのひとつの兆候である。[*12]

以上が経緯のあらましである。

この経緯には、途中でいくつもの重要なトピックが現れており、いくつもの貴重な代償が払われている。それは何度でも学習されるに値するし、何度でも再考されるに値する。さしあたりここでは、この経緯の中から、機能的なゾーニングという手法を形骸化させた最大の原因を取り出しておこう。

機能的なゾーニングという手法を形骸化させた最大の原因は、一言でいえば、産業革命期のテクノロジー（蒸気機関とその工場）が都市にとって短期的な存在だったからだといえる。蒸気機関（とその工場）は都市においてほとんど長期的な存在ではなかったために、その弊害を解決してきた手法も長期的な効力をもつことがなく、短期的に形骸化することになったのだといえる。ただし、問題はそれだけではない。というのも、近代都市の場合、こうしたことは蒸気機関だけの話ではないからだ。

もともと近代都市の使命は、先述したように、産業資本主義と産業革命に対応した都市形態の実現にあった。だが「産業資本主義と産業革命」というこの組み合わせは、実に頭の痛い代物である。産業資本主義は技術革新を次々と行うことで存続するという性質をもち、多くのテクノロジーを短期的なものにとどめることで存続するという、恐るべき性質をもっているからである。かくもめまぐるしいテクノロジーの変遷は、もちろん近代以前には存在したことがない。近代都市にもち込まれるテクノロジーは、古代ローマ都市のテクノロジー（築城術や治水術など）のような数百年スパンの長期性を備えていない。にもかかわらずそれが都市活動に与える影響は甚大であり、19世紀の蒸気機関であれ20世紀のモータリゼーションであれ、何らかの弊害を伴わずに済むことがない。そのような弊害に取り組む近代都市計画は、いわば人類史上もっとも形骸化しやすい立場に置かれているようなものなのだ。機能的なゾーニングという整備手法を形骸化させた最大の原因は、究極的には産業資本主義下におけるこうしたテクノロジーの絶え間ない変遷にある。その意味では、この整備手法が形骸化するのは避けがたいことであったし、不可避的なことであった。

経緯が長くなったため、簡潔にまとめておこう。まず機能的なゾーニングという起死回生

*12 煩雑さを避けるために本文から割愛したが、筆者が大規模ニュータウンや郊外ベッドタウンの将来を心配している理由は、都市活動の生命線であるところの長期持続性と外部依存性が十分に備わっていないため。大規模ニュータウン（70年代〜）は、その計画立案者たちがいうように、かつての郊外ベッドタウン（50〜60年代）に比べて母都市から独立することをめざした。逆にいうと、それは母都市の負担を軽減させ、母都市の長期持続性のための計画であって、大規模ニュータウンそれ自身の長期持続性を真剣に検討していない（『多摩ニュータウン計画：中心施設の研究と要旨』（日本住宅公団南多摩局 １９６７年）、『多摩センター地区事業概要』（同１９７７年）、『多摩ニュータウン構想：その分析と問題点』（都整備首都局 １９６８年）、『多摩ニュータウン』（東京都・日本住宅公団・都住宅供給公社の計画書）ほか）。そのため大規模ニュータウンは母都市救済のために、ニュータウン内において業務活動から消費活動までを行わせるという多機能な街づくりになった。これを大規模ニュータウンの側から見ると、かつての郊外ベッドタウンに比して母都市から独立した分だけ外部依存度が減り、長期持続力を犠牲にしている。母都市からの独立を促すのでなく、母都市と多くの郊外ベッドタウンや大規模ニュータウンが、中心をもたない多焦点的な都市圏をつくることを立案する必要があった。そして個々の都市域（ベッドタウン、ニュータウン、旧母都市）同士でやりとりされるエネルギー・食料・人・情報・技術の総量を、あたう限り増大させることをめざす必要があった。

の手法は、産業革命以来のテクノロジー（蒸気機関＋工場）のもたらす弊害と戦い、破竹の快進撃を続けていたが、20世紀中盤に不意に形骸化した。その理由は産業革命期のテクノロジー（蒸気機関＋工場）が都市から消え去り、戦うべき真の敵を失ったからであった。ゆえにこの手法は都市それ自体と戦いはじめることになり、都市活動の長期持続性を損なうまでに戦線が拡大し、たとえばかいわい性は根絶しにされた。この惨状を目の当たりにした近代都市計画批判は、それを解決する代替手法を提示したが、それは歪んだかたちで機能的なゾーニングの肥やしとなり、戦線はますます拡大し、多機能でありながら活動禁止の行き届いた巨大な街づくりに帰結した。ここに至って機能的なゾーニングの形骸化は、その頂点に達している。だがこのような形骸化は、もともと19世紀のテクノロジーの短期性に原因があり、その短期性が産業資本主義によって運命づけられていた以上、不可避なことであった。

こうして近代都市は、過去足かけ3世紀にわたり、産業資本主義下のテクノロジーの変遷にのたうち回り、ついでに己の整備手法にのたうち回ってきたのである。だが、近代都市がのたうち回ったあげくに次なる都市形態、すなわち現代都市を出現させるということでの予想からすると、かくも解決困難なのたうち回りは、現代都市を誕生させる重要な契機のひとつになると考えられる。少なくとも上述の経緯から、現代都市の誕生について、次の2つのことを予測できるだろう。第一に、現代都市を実現しうるタイミングは、その都市域における産業資本主義の活動に大きな失調が生じる時点だということ、第二に、その失調を示すもっともわかりやすい指標として、テクノロジーの変遷に何らかの大きな異変が起こること、という2点である。そしてこの2点は、90年代後半以降の国内都市においては、かなり満たされていると考えられるのである。今日の国内都市における産業資本主義は、人口流動性の第二段階（B型）に移行するほど失調しているからであり、また19世紀以来のテクノロジーの推移も、以下に述べるように明らかに別のフェーズに移行しているからである。

## （2）2つの産業革命

ここで現代都市の姿を考えるために、上述したテクノロジーの変遷の果てに何が起こるのか、またそれが都市や農村をどう変えるのかについて、ひとつの有力な仮説を挙げておこう。建築家や都市計画家の唱えた説ではないが、上述したテクノロジーの問題を誰よりも根本的なものとして捉え、そこからひとつの学問を打ち立てた者の予想である。

ノーバート・ウィーナーは1950年代に、旧来のテクノロジーの推移が別のフェーズに移行しつつあることを察知して、いち早く考察を加えている（『人間機械論』第9章、1954年）。ウィーナーは産業革命以来のテクノロジーの変遷を、第一次産業革命と第二次産業革命という2つのフェーズに区別する。「第一次産業革命」とは上述してきた蒸気機関（ワット式）にはじまる技術革新のことで、その後のモータリゼーションや航空機、また建設機械や農耕機械なども含まれる。その特徴はウィーナーによれば、人間の肉体労働を機械で置き換えたことにある。これに対して「第二次産業革命」とは、第一次の影に隠れて進行した技術革新のことで、具体的には19世紀後半以降の電気技術や通信技術、そして戦争期のレーダー技術やその後のコンピュータなどが挙げられているが、今日のいわゆる情報革命もそこに含まれるだろう。その特徴は知的労働（コミュニケーション能力やリテラシー能力）を機械に置き換えたことにあるといってよいだろう。ウィーナーによれば、第一次産業革命によってもたらされた常識は、第二次産業革命の深化とともに想定外のものへ変貌することになる。たとえば上述した都市における紡績工場という19世紀的な生産体制は、すでに20世紀初頭に回避可能なものになっていたとウィーナーは述べている。というのも蒸気機関に取ってかわりうる別の動力として、低出力の小型動力（電気モーター）が19世紀後半に出現したからであり、さらに場所を問わない通信技術（電話）やエネルギー増幅器（電子管ないし真空管）もほどなくして実用化されたためである。これらは初期においては第一次産業革命を補う代用技術として用いられたが（たとえば蒸気機関を何らかの理由で設置できない場合に電気モーターで代用する）、ウィーナーにとっては第二次産業革命の開始を告げるものである。ウィーナーによれば、19世紀の繊維工場がよりにもよって蒸気機関を導入し、よりにもよって都市に賃労働者を集中させ、よりにもよってスラム（都市）と過疎（農村）を生み出したのは、電気モーターや電信技術の発明が半世紀あまり遅れたために生じた不毛な回り道である。彼にとって「都市＋大工場＋蒸気機関」という組み合わせは不条理なのであり、他に選択肢がない場合に限って容認しうるという程度の価値しかもっていない。そのためウィーナーは、20世紀初頭以降は都市ではなくむしろ農村で、低出力のモーター動力を各農家に分散させて連携させた方が、賢明であると指摘している。すなわち「都市＋大工場＋大型動力の集中配置」による工業生産ではなく、「農村＋家屋群＋小型動力の分散配置」による工業生産（軽工業）に転換することが、可能になったと指摘している。

もちろんウィーナーの興味の中心は、近代都市や近代農村の克服といった事柄にあるわけではない。彼のここでの関心は、特定のテクノロジー（蒸気機関や電気モーター）のしくみが、どのような社会のしくみをもたらすかにある。ウィーナーにとって人間のつくり出す社会や集団は、思想や哲学の反映ではあり得ず、究極的には大なる確率で、テクノロジーのしくみの反映と化す。だとしても、筆者がウィーナーのその指摘（農村＋家屋群＋小型動力の分散配置）を忘れられないのは、そこに近代都市の次の都市形態が暗示されているように思われるためであり、現代都市のひとつの姿が示唆されているように思われるためである。第一次産業革命のテクノロジー（たとえば蒸気機関）をどちらかといえば軽蔑していた節のあるウィーナーは、その行き着くところを第二次産業革命という視点によって完全に相対化していたために、意図せずして近代都市の次の都市形態に言及することになったといえる。

彼が「都市＋大工場＋大型動力の集中配置」に対して「農村＋家屋群＋小型動力の分散配置」を対置したのは、第二次産業革命のもたらすひとつの効果が、第一次産業革命とは違って、場所の拘束性を無効化するからだろう。彼の挙げた低出力の小型動力や電信通信技術、自動機械やレーダー技術、フィードバック回路やコンピュータ、ひいては彼の死後に実用化されたパーソナルコンピュータやインターネット、そして今日のクラウドコンピュータやスマートグリッドに至るまで、その効果はますます拡大しているといってよい。すなわち、第一次産業革命が特定の活動を一定の場所で行う可能性をもたらしたとすれば（たとえば軽工業生産を都市で行う）、第二次産業革命はその活動をさまざまな場所で行う可能性をもたらす（たとえば軽工業生産を農村で行う）。このことは、第一次産業革命によってつくり出された場所と活動（機能）の結びつきが、第二次産業革命の深化とともに解きほぐされていくことを意味する。そのためウィーナーは、農村においてさえ工業生産（軽工業）を行えるようになってきたと指摘したのである。彼はここで農村の変化だけを例に挙げ、今後の都市の変化については言及しなかったが、もし近代都市に関する知識をもっていたら、次のような都市の変化を予測していただろう。すなわち第二次産業革命の特性が場所の拘束性を無効化することにあるならば、それが深化していく今後の都市においては、場所に対する従来の整備手法——場所と活動を結びつけた機能的なゾーニング——は、別の望ましい整備手法に取ってかわられるだろうという予測である。

## （3）近世都市のゾーニング

ここで読者の視野を広げるために、ゾーニングという手法一般について、機能的なものに限定せずに振り返っておこう。というのも近代都市で行われてきた機能的なゾーニングは、歴史的にはきわめて特殊なタイプのゾーニングで、必ずしもすぐれたタイプのゾーニングというわけでもないからだ。

たとえば近世都市におけるゾーニングのことを想起してみよう。歴史上の近世都市は一様ではないが、ある共通したタイプのゾーニングを行っていたという意味で、記憶にとどめる価値がある。近世都市におけるゾーニングとは、武家地や寺社地、教会領や諸侯領、交易市場やゲットーなどのことだが、それは機能別のゾーニングではなくて、階級別のゾーニングである（実際には階級・職業・人種・宗教によるゾーニングを兼ねているが、以下では「階級的なゾーニング」と記す）。しかも、個々の階級ゾーンの内部においても機能的なエリア分けは明瞭でなく、業務機能から居住機能までがグラデーショナルな状態である。さらに、この近世都市における階級的なゾーニングは、当時なりの人口流動性を沈静化する役割を果たしていたという意味で、機能的なゾーニングにない底力をもっている。もちろん近世集落のような人口定着性はもたらさなかったが、のちの近代都市のような過剰な人口流動性は当然もたらしていない。いずれにしても、都市を平面的に区分けするいくつかの手法と比べると、機能的なゾーニングという手法が唯一のものでなく、さほどすぐれた手法でもないことに気づくだろう。しかも、第一次産業革命の直接的な弊害がおおむね消え去った今日の都市にとって、それは不可欠な手法でもなくなっている。何度もいうように、それはあくまで第一次産業革命の弊害に対する対処療法にすぎないからである。前項までのいい回しを用いれば、それは短期的にしか効かない風邪薬のような手法であって、長期的に有効な手法ではまったくない。

### (4) 現代都市のゾーニング

以上の議論を前提として、来るべき現代都市の姿をゾーニングという観点から考えてみよう。機能的なゾーニングに取ってかわりうる整備手法、しかも短期的でなく長期的な効果を期待しうる整備手法は、筆者の考えでは環境的なゾーニングである。「環境的なゾーニング」とは、「環境オリエンテッドな街区形成」をマスタープランレベルで行う、という意味だが、具体的には以下のような手法のことである。

第一に環境的なゾーニングは、従来の機能的なゾーニングのように地域や地区を単位とするのでなく、街区を単位として整備される。街区(つまり道路によって囲まれた一団の土地)を単位としたゾーニングであれば、近代都市からの移行は可能である。もともと近代都市のひとつの達成は、先行する更地・近世集落・近世都市を、街区に分節し尽くしたことにある。「街区の分節」とは、都市が近代化されればされるほど、道路が貫通されまた拡幅されることによって、街区がくっきりと分離されていくという意味である。また道路にエネルギー系統（インフラ）が敷設されることにより、街区の等質性・孤立性も高まっていくという意味である。ただしこれらの大量の街区は、こと環境という意味では1種類であり、いわば均一な生存環境の集積である（特にエネルギー様式や資源様式において）。このことが近代都市から現代都市への移行（ゾーニングレベルでの移行）の重要な足がかりになるだろう。その意味で、近代都市から現代都市への転換は、ことゾーニングに関しては、ひとつの街区の改良から開始することができる。

第二に環境的なゾーニングは、街区ごとに環境設定を行うものになる。「環境設定」とは、自然環境と人工環境の合成であるところの都市環境に関して、街区ごとに整備後の達成目標を指定するという意味である（機能的なゾーニングが施設整備後の用途指定を行っていたのに対して、環境的なゾーニングは施設整備後の環境指定を行う）。「自然環境」と「人工環境」のそれぞれの整備目標は、現実的にはさまざまな設定方法・基準項目がありうるが、たとえば次のような細かな特性（自然環境と人工環境のそれぞれの特性）の組み合わせによって、街区の環境基準を指定することが考えられる。

前者の「自然環境」の整備目標については、都市活動に影響を与える体感可能な環境特性の中から、整備後の街区の気温変動・湿度変動・大気鮮度・風力変化・日照変化・雨水処理量・降雪処理量・植生緑被率・生物種・地形可変量・地盤毀損量、などの項目ごとにグレードを指定して、施設整備後の街区に一定の都市気象・生態環境の特性が形成されるようにする。後者の「人工環境」については、都市活動の要である生存物資や生存技術にかかわる環境特性の中から、整備後の街区のエネルギー様式・資源様式・交通様式・インフラ様式・水源選択を指定し、また整備される立体（建築や工作物や付属物を含むあらゆる人工物）のエネルギー消費量・二次エネルギー生産量・資源消費量・資源再生量・ペリメーター性能・発生音量・吸音量・臭気発生量・耐火性能、また地中に整備される立体（外構・基礎・杭・遺跡・遺構など）の掘削限度・存置限度・排出土制限・地下水排出制限、などの項目ごとにグレードを指定して、施設整備後の街区に一定の人工環境が形成されるようにする。これらの「自然環境と人工環境」の特性の組み合わせから、多種類の街区環境を生成させることができる。仮にここまで細かな項目立てをしないとしても、「自然環境」の指定を8項目×各3グレード、「人工環境」の指定を6項目×各3グレードで行っただけで、単純計算で$3^8 \times 3^6 = 478$万$2969$種類ということになる。もちろん、実際には過度に微妙な組み合わせや無意味な組み合わせを排し、実現困難な可能性に配慮することになるが、それでも200種類は下らないだろう。いずれにしても環境的なゾーニングは、n種の異なる環境設定を街区単位で行うものになり、n種の街区環境をあやつるものになる。したがって、どこへ行っても同じ環境が整備されていたのが近代都市だとすれば、すべての街区が少しずつ違った環境特性を備えているのが現代都市になる。

このn種の環境種別は、どれも都市活動の長期持続性を考慮して、冗長性をもったn値にするのが望ましい。また個々の項目ごとのグレード数（仮にk値とする）も、同じ意図から都市に冗長性をもたらすk値にするのが望ましい。たとえばエネルギー様式や資源様式などは、近代都市の街区はほとんど1種類のグレードであり（k＝1）、効率性・合理性をもっているかわりに冗長性がない。つまり長期的な展望がない。なにしろk＝1という状況は、都市活動の存続が1本の命綱（たとえば化石燃料）にかかっているような状況で、しかも世界中で量産されている近代都市の活動もその1本の命綱にぶらさがっている状況である。それは将来的に生じる資源争奪や高騰を想定すると、頭の痛い状況である。都市活動の長期持続性・外部依存性を向上させるには、もっと別のエネルギー選択や資源選択を行う街区をつくり、都市域全体の冗長性を高めた方が賢明だろう（エネルギー様式についてはせめてk＝3）。あるいは水源なども、近代都市はあまりに巨大な人口をひとつの水源地に依存させており（k＝1）、過去のいかなる都市形態よりも危うい状況にある。せめて街区総数の30％程度は複数の水源（水道の他に井水系統や雨水系統を備える、また水源地の分散と人口負荷軽減など）を確保すべきだろう（せめてk＝3）。

その上で、街区単位のn種の環境設定の段階においても、改めて都市域全体の冗長性を増大させるべきだろう。たとえば過去の歴史地区や自然地区、あるいは工業地区や農地や林地などを、n種の中に位置づけることが望ましい。あるいは前々項で挙げた歴代の新型スラムなども、n種の中に位置づけることが望ましい。それらはいずれも都市活動の外部性・長期性と切っても切れない存在だからであり、今後の都市活動にとっての資源になるからである。

第三に、環境的なゾーニングによって整備されるn種の環境設定は、街区内の活動（機能・用途）のための環境設定の役割も兼ねる。ただし、機能的なゾーニングのように用途指定を優先して行うのでなく、あくまで環境設定を優先して行い、その環境に追随・従属しうるm種の活動（機能・用途）をリスト化する。つまりあくまで環境オリエンテッドに人びとの活動（機能・用途）を捉えるようにする。もちろんこの環境的なゾーニングの初動時は、機能的なゾーニングからの移行期であり、街区環境が未整備であるため、今後整備されるn種の環境設定と、それに追随しうるようなm種の活動（機能・用途）を同時に指定せざるを得ない。「せざるを得ない」とは、本来都市においては、活動（機能・用途）に対する規制はあたう限り撤廃されることが望ましいからで、いかなるゾーニングの手法もその可能性に開かれたものでなくてはならないからだ。その意味で環境的なゾーニングも都市活動（機能・用途）の自由化を目標とするが、あくまで環境オリエンテッドな範囲内での自由化を最終的な目標とする。つまり用途指定が消滅したにもかかわらず、街区に整備された環境設定によって活動が自ずと整流されるような、環境オリエンテッドな秩序の構築をめざす。

このm種の活動（機能・用途）について、初動時においてもなるべく自由度を高める方法としては、用途選択の幅が大きくなるような指定方法を工夫することだろう。さまざまな工夫がありうるが、たとえばm種の活動を、エネルギー消費量や放出量にしたがって大きくグルーピングした上で（たとえばA群〜G群）、それをn種の環境設定と組み合わせて指定する、という方法が考えられる。たとえばn種の環境種別のうち第1種環境（仮に親自然型・省エネルギー型・省資源型・静音型の環境とする）を指定した街区において、エネルギー消費と放出の少ない活動A群を指定し、静かで穏やかな環境でありながら高密度な複合用途の都市環境を誘導したり、あるいは第2種環境（仮に人工型・エネルギー消費型・資源浪費型・騒音型の環境とする）の街区において、エネルギー消費と放出の大きい活動G群を指定し、近代都市の中の保存すべき街区に適用し、20世紀の機能的で功利的な活動を街区ごと保存する、などが考えられる。また、エネルギー消費量や放出量によって活動をグルーピングする場合、性差や年齢や身体障害なども独立したグループとすることができ、医療や福祉や教育における弱者のための環境設定を行った街区を形成することもできる。逆に、エネルギー浪費の高い商業活動などについては、複数の周辺街区も含めたマスタープランレベルでの環境設計が大事になるだろう。ちなみに、m種のリストにない未知の活動や複合活動については、環境アセスメントを義務づけ、街区の環境設定に追随しうるかどうかを検証すればよい（その検証は一定の都市実験・社会実験を行うことが望ましい）。

いずれにしても現代都市は、ことゾーニングに関しては、先行する均一環境の街区の集積をもとに、n種の街区環境へ分化させ、m種の活動をしたがわせながら生成していくことになる。その意味で現代都市は、近代都市の内側から散逸的に形成されるものになる。

第四に、環境設定と活動の組み合わせによる街区指定（n＋m）について、マスタープランにとっての配置自由度を考えてみると、北米型の近代都市（グリッドシティ）を除けば、多くの近代都市にはさまざまな大きさや形状や地形の街区があり、そのことによって実現しうる環境種別としえない環境種別がある。また先行する都市域の状態によっても実現しうる環境種別とし得ない環境種別がある。さらに、街区内ですでに活動中の既存の機能が新たな環境種別に従属しうる場合としえない場合がある。これらによって、どこでも配置できるような環境と活動の組み合わせ（$n_1$＋$m_1$）と、おおむね過不足なく配置しうる組み合わせ（$n_2$＋$m_2$）と、きわめて配置に手こずる組み合わせ（$n_3$＋$m_3$）といった、いわば「街区型」とでもいうべき街区のタイポロジーが生じると思われる。またこの「街区型」が、非常にうまく行った場合、街区内の施設の「建築型」を数多く発生させると考えられる。ただしそれらは、あくまで環境オリエンテッドな「建築型」になることに注意しよう。

というのも、かつて近世都市（階級的なゾーニング）から近代都市（機能的なゾーニング）への移行の際、数多くの建築型が派生したが、それらは機能オリエンテッドな建築型であった。近世都市から近代都市への移行は、建築レベルでは、階級オリエンテッドな建築型（寺社仏閣、町家など）から機能オリエンテッドな建築型（美術館、学校、集合住宅など）への移行をもたらしたが、今後の近代都市から現代都市への移行においては、環境オリエンテッドな建築型が生じることになる。それらは基本的に、街区の環境設定と、施設のエネルギー様式や資源様式を（ひいては人びとの活動エネルギーや活動資源を）すり合わせるものになる。[*13]

第五に、以上のように環境的なゾーニングによる街区形成（現代都市計画）は、機能的なゾーニングによる地区形成（近代都市計画）に比べて、非常に多種多量の生存環境を都市の中につくり出し、その環境に活動（機能）が追随するという、環境オリエンテッドな街づくりである。この「環境オリエンテッドな街づくり」のもつ2つの特徴（環境の多種多量性、環境設定の機能に対する優先性）は、ちょうど自然界で生じる人びとの行動様式を、都市の中で別のかたちで再建するものになる。

従来の機能的なゾーニングの場合は、これと正反対の特徴をもち（環境の少種性、機能設

*13　この段落で述べた「環境オリエンテッドな建築型」のうち、木造の事例については「木造進化論」（『西沢大良木造作品集2004-2010』、LIXIL出版、2011年）を参照。本書第2章に収録。

定の環境に対する優先性）、もっぱら「機能オリエンテッドな街づくり」であった。そのため、近代都市における人びとの行動様式は機能性・利便性によって誘引され、また経済性・功利性によって動機づけられていた。たとえば便利だから何処何処に行く、安い商品があるから何処何処に行く、といったことが近代都市における人びとの一般的な行動規範であった。だがそうした人びとも、自然界においてはまったく別の行動規範を示し、環境オリエンテッドな行動を示す。たとえばおいしい泉だから何処何処に行く、気持ちいい日陰だから何処何処に行くといったことが、自然界に置かれた人びと（というより身体）の行動規範になる。この2つの異なる行動様式の源泉は、究極的にはその人間（身体）を包んでいるところの環境の違い、つまり環境A（自然環境）と環境B（近代都市）の差異にある。いわば2つの行動は、環境Aと環境Bがかくも違うということの、人体を通じた表現である。

　すると、来るべき環境C（現代都市）においてどのような行動様式や規範が出現するかを考えると、筆者の予想では、環境B（近代都市）とも環境A（自然環境）とも違うものになる。それは一面においては環境A（自然環境）に近いが（環境に対する行動の追随性）、ただし歴史上に存在した環境に対する追随性とは異質な追随例になるだろう。他方でそれは、環境B（近代都市）とは決定的に異質だが、その残滓（ざんし）をあるかたちでとどめるだろう。いずれにしても、環境的なゾーニングによる「環境オリエンテッドな街づくり」は、環境と人間（身体）の新しい関係を、都市の中で再建するものになるだろう。

## (5) 第1条・第2条への適用

以上が、筆者の考える「環境的なゾーニング」という整備手法の概略である。

この手法は、総じて近代都市計画とは異なる視点で都市域を改良する。たとえば近代都市計画のマスタープランが「集団建築」をコントロールしてきたとすれば、現代都市計画のマスタープランは「集団環境」をコントロールすることになる(n種の街区環境をあやつるという意味で)。あるいは前者の目標が、「都市機能」の強化にあったとすれば、後者の目的は生存拠点としての「都市環境」の強化にある。あるいは前者が都市を物理的に制御したとすれば、後者は都市域を化学的(ないし熱力学的)に制御するものになる。そのため後者の手法には、その適用方法を工夫していけば、前者の弊害や欠陥を修復しうる余地がある。そこで、以下に「第1条――新型スラムの問題」と「第2条――人口流動性の問題」に対する適用方法を述べて、本節の説明を終わりにしよう。

まず「新型スラムの問題」について。環境的なゾーニングは、産業資本主義の衰退する都市に生じる新型スラムの問題を、街区単位で解決するものになりうる。筆者が考えているのは、新型スラムの一部をベーシックエンバイラメント(生存環境)として無償提供すれば、いわゆるベーシックインカム(生存収入)よりは希望がもてるということだ。現行の生活保護制度との比較で議論されているベーシックインカム（生存収入）は、きわめてざっくりといえば、生存しうる最低限の金銭を自治体なり政府なりが支給するというものである。受給対象は全国民という意見もあれば、低所得者層限定という意見もあり、引きこもり限定という意見もある。いずれにしても筆者が思うには、金銭では長期的な展望が開かれないし、真の意味でのベーシックでもないということ。真の意味でのベーシックを考えれば、生存のための金銭よりも、生存のための環境（住居）を無償で供与した方がベーシックだろう。

前節に挙げただけでも今日の新型スラムは少なくとも12種類あるが（たとえば$n_{11}$〜$n_{22}$）、その中のベッドタウンの公営賃貸住居（$n_{11}$）などを無償で提供し、それに追随する活動としてベーシック生存とし（$m_{11}$）、両者を組み合わせてベーシックエンバイラメント（生存環境）として活用すればよい（たとえば$n_{11}+m_{11}$）。その上で、滞在しているだけで金銭を支払うか否かは自治体の財政余力で決めればよい。もしベーシック生存者が施設の清掃やメンテナンスを行ってくれる場合はその活動のエネルギー消費量と放出量は単なるベーシック生存（$m_{11}$）とは異なるから、改めて別の活動、たとえばベーシック労働としてリスト化し（$m_{12}$）、別種のベーシックエンバイラメントとして指定すればよい（$n_{11}+m_{12}$）。その上で、その活動に対する金銭を支払う、ないし自治体紙幣を発行する、ないし生存物資（食料など）と交換する、といったことを追加するのがよい（$n_{11}+m_{12}$）。あるいは、さらに活動力のある生存者のために、シャッター街と化した地方の商店街の一軒をベーシック・エンバイラメントとして指定することも考えられる（$n_{12}$＋$m_{13}$）。ただし商店街の場合は清掃メンテなどのベーシック労働（$m_{12}$）では不十分なため、一定の社会サービスを行うベーシック交易（$m_{13}$）を最低条件とし、それを提供しない場合は公営住宅へ移転させる、といった一定の条件を付けた方がよいだろう。いずれにしても今日の新型スラムは、その多くをベーシックエンバイラメント（生存環境）として利活用できる。

次に「人口流動性の問題」について。筆者が「環境オリエンテッド」ということにこだわるのは、いわゆる資源問題やエネルギー問題だけでなく、今後の人口流動性の深化を考えているため。というのも人口流動性に影響を与えうるものがあるとしたら、「環境」以外にないからである。人類史上に見られる近世までの人口流動性は、そのほとんどが環境オリエンテッドな原理で解決されている（近世狩猟採集民、中世遊牧民、先史時代の狩猟採集民など）。今後の人口流動性B型（都市A→都市B）の深化を考えると、筆者の考えでは、機能的なゾーニングにつきまとう活動禁止的な側面を都市からぬぐい去り、それに取ってかわる活動秩序を打ち立てない限り、B型ウイルスのさらなる深化に応えることはできない。

先の経緯で見た通り、もともと機能的なゾーニングという手法は人口流動性A型（農村→都市）の異常発生期である19世紀に誕生し、都市活動の自由を抑止・制止するために編み出されていたが、今後の人口流動性B型の深化は、個々の都市域にとっては長期的には人口膨張にも人口減少にも傾きうるもので、都市活動の単なる抑止によっては対応できないものである。それに対応するには、都市の活動規制をなくしながら、同時に活動を整流させるような磁力を備えた環境C（現代都市）をつくること、またそれを環境A（自然環境）ほどではなくとも冗長性を備えた都市域とすることが、マスタープランのなしうる対策である。

もちろん、この環境的なゾーニングという手法も、初期においては活動指定をせざるを得ず、活動禁止的な側面を一定期間もたざるを得ない以上、その時点の人口流動性B型にどこまで応えうるかはわからない。だが人口流動性B型のさらなる猛威が国内都市を襲ったとき、もし都市環境それ自体によって自ずと活動が治まるような秩序が生成し、冗長性をもった都市域がひとつでも多く実現されていれば、人口流動性に対するひとつのワクチン剤になるだろう。

第2章

# 木造進化論

## 木造による現代建築のつくり方

（2011年）

## 0——はじめに：なぜ木造なのか

最近の建築界では、近代以前から存続している建物の形態（木造・組石造・土造など）を改めて現代化することはほとんどなされていない。特に20世紀の日本のように近代化を全面的に押し進めた地域ではそうである。過去60年間の国内では、実社会において広義の近代建築[*1]を大量につくり、大学でも広義の近代建築を主に扱ってきた。そのため日本の建築学科は「近代建築」学科と呼ぶべき存在になっており、建築設計事務所も「近代建築」設計事務所と呼ぶべき存在になっている。こうした地域では、近代建築の圏外のものはつくられなくなっていく。また、近代建築と現代建築を区別するという発想も出てこなくなる。そして冒頭で触れたように、前近代の建物を現代化することの必要性も理解されなくなる。最終的に人がつくるのは、広義の近代建築だけになる。

その肝心の近代建築にさまざまな欠陥があることは、60年代になされた均質空間批判や人工環境批判をはじめとして多くの指摘がある。ただしそれらの欠陥が、90年代後半以降にレベルの違う問題へシフトしたことは、あまり指摘されていない。

もともと近代建築は、ある地域や国が近代化の過程（産業資本主義化）に突入すると、いやおうなく量産される建築形態である。というのも、近代化なるもの――農業や漁業のかわりに鉄鋼業なりエネルギー事業なりの近代産業を興し、集落のかわりに近代都市をつくり、農漁業従事者を都市に移住させて賃労働者に変え、自給生活を近代生活に変えるという過程――にとって必要不可欠なツールが、近代都市・近代建築・近代生活・近代産業というパッケージだからである。近代生活を享受する人口は、20世紀初頭においては地球全体で2億人程度、60年代においても10億人程度であり、近代建築と近代生活に多少の欠陥があるにせよ、大局的には小さな事柄にすぎなかった。だが90年代後半以降、中国・インドをはじめとするG20諸国が続々と近代化の過程に突入し、いまでは35億人が近代生活を享受するようになり、今後もその数倍単位の新規参入が見込まれている。こうなると、近代建築の欠陥は初期の数十倍の影響をもたらすものとなり、小さな事柄とはいえなくなってくる。たとえば

*1 本文中の「広義の近代建築」とは、機能的な計画がなされ（用）、近代技術を用い（強）、近代建築と同じ程度に快適な施設（美／快）のこと。そのため通常の建築史的な用語法とはズレがある。たとえば、建築家の仕事の中では、狭義の近代主義建築とそれ以降の諸派を合わせて「広義の近代建築」と呼んでいる（モダニズム、ブルータリズム、ラディカリズム、ポストモダニズム、コンテクスチュアリズム、デコンストラクチュアリズム、ライトコンストラクチュアリズム、アイコニズムなど）。それらはどれも機能的な計画がなされ、近代技術を用い、によって実現されることもあった。そのため同じ建築家によって設計されることができたし、同じ施工者近代建築と同程度に快適な施設であった。そこには新しい設計術、施工集団、建築教育、事例研究を必要とするような違いがなかった。ちょうどルネサンス、マニエリスム、バロック、新古典主義までが広義の古典主義建築として一括されているように、将来的にはモダニズムからアイコニズムまでも広義の近代主義建築として一括されると考えられる。

60年代に指摘された近代建築の人工性や均質性といった欠陥は、90年代以降、地球規模の環境破壊や資源争奪をもたらす要因と化している。こうした事象は、近代建築の個体数が、環境容量の限界を超えつつあることを示しているのだが、今後も減少する気配はなく、むしろ激増する勢いを見せている。つまり近代建築は、90年以降に初めて、個々の作品の善し悪しを云々する対象というよりも、いったいどこまで地球規模の災厄(さいやく)をもたらすことになるのか、頭を抱えて見守られるような対象になっている。

近代建築は、69億人の活動の容器としてふさわしいものではない。そのようなものとして考案されたわけではないからだ。近代建築というひとつの建設様式・生活様式・エネルギー様式で、69億人をカバーしようとするのが無茶なのだ。かつて近代建築が標榜した国際様式（インターナショナル・スタイル）なる考えは、額面通りに受け取るべきではなかった。それを額面通りに実行したりすれば、過度に偏ったエネルギー消費・資源争奪・環境破壊をもたらす羽目になる。だが、それを文字通りに実行したのが、日本をはじめとするアジアの近代化であった。日本とアジアの近代建築なるものは、頭の痛い存在なのだ。

逆にいうと、90年代後半以降の建築界に欠けているのは、広義の近代建築とは異なる資源選択・エネルギー活用・環境依存を行うような現代建築の提案だろう。その意味での現代建築は、建設地域の資源条件・エネルギー条件・環境条件に合わせて、なるべく多種多様なかたちで考案されていくのが望ましい。69億人をひとつの様式でカバーするよりも、１００種類の様式でカバーした方が賢明だからである。前者は集中的な資源高騰や環境破壊をもたらしやすく、後者は分散的な資源選択や環境依存につながりやすい。1種類の選択肢しかないという近代的な状況を、数百種類の選択肢があるという現代的な状況へ、転換するのが望ましい。[*2]

この意味での多種多様性は、個々の地域に存続している前近代の建築形態を手がかりにすれば実現しやすいだろう。幸いにして前近代の建物は、個々の地域の入手しやすい資源を選択し、建設中から施設維持までのエネルギー消費が少なく、持続可能な環境依存を行うものが大半である。ただし、それらをそのまま復元するのでなく、現代人が耐えうるような改良を施して、また現代社会が生産しうるような改変を加えて、現代建築と呼びうるもの[*3]へ進化

＊2　この「数百種類の選択肢」の中には、もちろん近代建築を「進化させた」建物も含まれるのが理想的である。ただし、今日なされているような近代建築の修正（リユース、リサイクル、リデュースに考慮した環境配慮型の近代建築）は、広義の近代建築の圏内にとどまるもので、「1種類の選択肢しかない」という現状を変えるものではない。広義の近代建築は、もっと創造的な進化が必要であり、むしろ破壊的な進化が必要である。つまり近代建築を誕生させたのと同じような創造的破壊が行われる必要がある。

＊3　議論に水を差さないために割愛したが、前近代建築を進化させた建物が「現代建築」と見なされるためには、近代建築以上の魅力をあらゆる面で備えている必要がある。逆にいうと、前近代建築を単に今日の資源条件、エネルギー条件、環境条件に適合させただけのものは、「現代建築」の名に値しない。それはむしろ「広義の前近代建築」と呼ぶべきものとなり、近代建築と並ぶ選択肢にはならないだろう。それが「現代建築」と見なされるためには、用・強・美のどの側面から見ても、近代建築以上の魅力をもち、かつ前近代建築以上の魅力を備えている必要がある。前近代建築においても創造的な進化が必要であり、破壊的な進化が必要である。

させるのである。

　これを日本で行う場合、在来木造を進化させるのがもっとも現実的だろう。在来木造は、近代化の影響を部分的にしか受けておらず、いまでもすぐれた技術者や生産者が少なからずいる。また、木造による資源選択・エネルギー使用・環境依存のあり方は、広義の近代建築（S造やRC造など）に比べて、明瞭な差異をもっている。さらに、木造を進化させることで生まれる環境や生活のあり方は、筆者の試みた例から類推して、近代建築では達成できない側面を数多くもつ。そこで日本の木造を進化させ、現代建築をつくる方法を、以下に述べてみることにした。特にその設計方法と作業イメージに焦点を当てて、述べてみることにする。木造について実社会や大学で学ぶ機会がないという現状を踏まえて、なるべく丁寧に説明したい。[*4]

## 1――進化の法則

最初に日本の在来木造の特徴を述べておこう。

前近代から今日まで、日本の木造はパーツの多さ・細かさという特徴をもっている。国内の木造の部材（パーツ）はRC造やS造に比べて異様に軽量・短材であり、人力で組み立てることも多いため、細かい部材（パーツ）が幾重に積層されて外壁や屋根スラブを形成する。

その結果、外壁と屋根スラブの中身がきわめて多層になっている。

これを図示したのが図1である。上段が一般的な木造で、中・下段が一般的なRC造とS造だが、後者が3層程度であるのに対して前者は9層程度であり、木造の層の多さは明らかだ。各層の内容を説明しておくと、木造の外壁の場合、もっとも屋外側に外装材があり、その内側に通気胴縁があり、さらに防水紙があり、4層目に野地板があり、5層目に断熱材、6層目に構造用合板、7層目に構造の軸組（柱・梁）、8層目に屋内胴縁、9層目に内装材がある。木造の屋根スラブになると9層を超えるケースも多いが、RC造やS造よりも多層であるという特徴は変わらない。

この9層におよぶ組成には、工法としての合理性が現れているというより、在来木造の進化の仕方が現れている。もともとこれらの層は、建物に対するさまざまな要求にひとつずつ応えるために生まれている。「さまざまな要求」とは、先述の外壁を例にしていうと、まず最外層による美観保持（外観）、次層による結露防止、第3層による防水処理、第4層による平滑度確保、第5層による室温調整、第6層による地震と台風への抵抗、第7層による重

＊4　本文中の「木造の進化（現代化）」とは、近代化のことではない。木造の近代化については20世紀にさまざまな試みがあったが、どれも広義の近代建築（RC造やS造）の模倣であった。たとえば集成材による大断面木造や、2×4材によるパネル工法などが典型的な木造の近代化だが、前者は疑似的なS造であり、後者は疑似的なPC造である。それらは後述するような木造の加工性や物性から導き出された形態ではないため、単に木目をもった近代建築と化している。

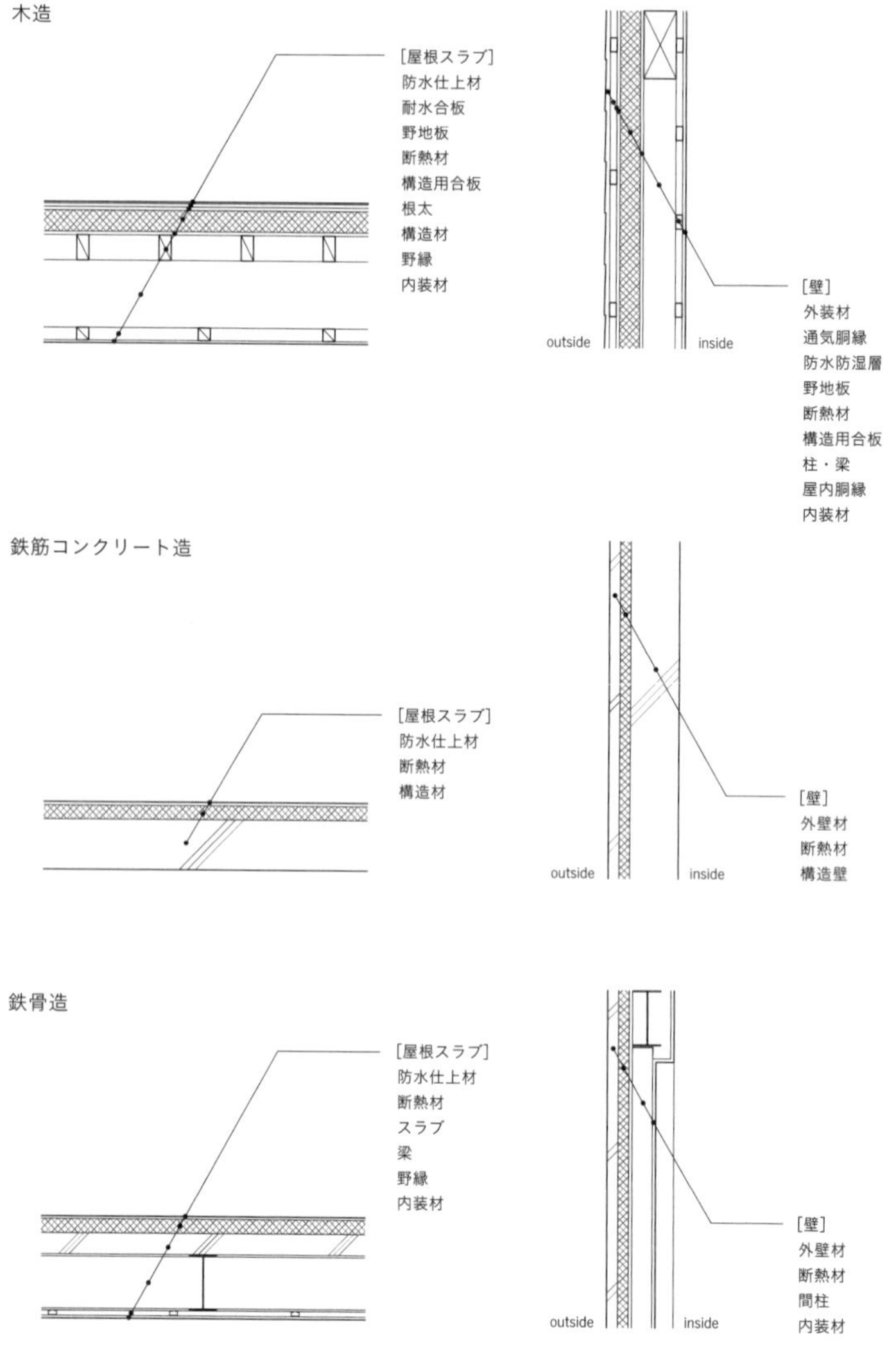

木造
[屋根スラブ]
防水仕上材
耐水合板
野地板
断熱材
構造用合板
根太
構造材
野縁
内装材
outside
inside
[壁]
外装材
通気胴縁
防水防湿層
野地板
断熱材
構造用合板
柱・梁
屋内胴縁
内装材
鉄筋コンクリート造
[屋根スラブ]
防水仕上材
断熱材
構造材
outside
inside
[壁]
外壁材
断熱材
構造壁
鉄骨造
[屋根スラブ]
防水仕上材
断熱材
スラブ
梁
野縁
内装材
outside
inside
[壁]
外壁材
断熱材
間柱
内装材

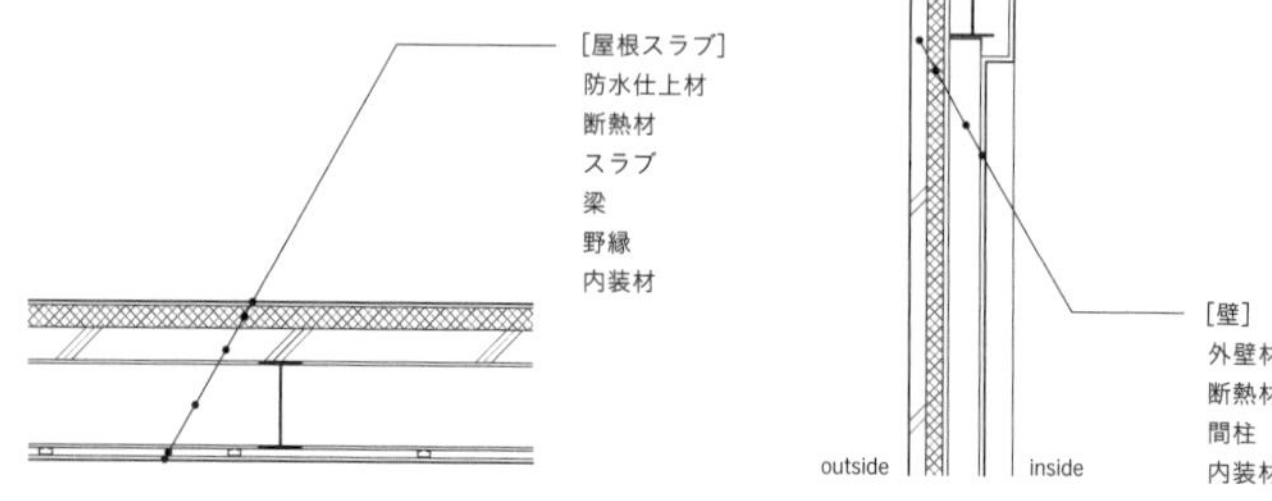

図1　木造・RC造・S造の組成

力への抵抗、第8層による壁内通気、第9層による美観保持（内観）の9つである。どれも空間の性質（環境）を決定するような根本的な要求である。木造の建物というのは近代以前からあるとはいえ、こうした要求がすべて古代や中世から出揃っていたわけではなく、今日までの間にひとつずつ要求が追加され、いまのところ9つの要求に応えるに至ったわけである。つまり在来木造の発達は、建物に対する要求が増えると層をひとつ増やして対処するという、冗長性の高い法則性をもち、その結果多くの層が並列されたような組成をもたらすわけである。[*5]

これに対してRC造やS造は、別の法則によって進化する。たとえばRC造の外壁における3層は、全体で同じ9つの要求に応えているものの、各層が複数の要求をカバーしており、層を少なくするように合理化されている（近代化）。そして新たな要求に対しても、特定の

＊5 木造建築の組成は、木材の物性と加工性からの影響もある。木材はコンクリートや鉄骨のように物性（強度、比重、耐水性、耐火性など）と加工性（仕口・継手の欠損限界など）を人為的に操作することが難しい。ゆえに木造建築は、基本的に樹木に備わっている物性と加工性を前提に発達するほかない。そうすることで応えられない要求に対しては、壁体・スラブ体の組成を工夫することで応えることになる。
蛇足ながら、もし樹木の物性と加工性を人為的に操作するような技術革新がなされると、本文で述べた進化の法則は一変する。従来の樹木に対する品種改良は、主として緑地管理や街路樹維持を目的とし、木材段階での物性や加工性を焦点にしてこなかったため、木造建築の姿に影響をもたらすことがなかった。だがもし今後、樹木に対して別次元の品種改良が施され、木材の物性や加工性が細胞レベルから更新されたとすると、木造建築の姿も飛躍的に進化することになる（90年代以降の再生医療の技術レベルからすれば実現可能）。

層の物性を改良することで対応し、層を増やさぬように合理化が進められる（近代化の延長）。つまりRC造の発展は、一方ではなるべく層を増やさずに、他方では各層の物性をたえまなく改良し、新たな要求に応えていくという、木造とは別の進化の法則をもっている。両者の法則性の違いは、わりと近過去に生じた新たな要求、たとえば耐火性という要求に対して、RC造が躯体層の厚さを増すことで応え、木造は防火層をひとつ増やして応えたことにも典型的に現れている。すなわち、RC造やS造はあくまで合理的な工法の枠内で進化していくが、木造は組成の多層性、冗長性、並列性を保ったまま進化するという違いがある。

こうして日本の木造の壁体・スラブ体は、ほとんど9段階の進化を示す人為的な年輪のようになっている。またそのことが、9つの異なる空間的な性質を等価に並列させたような組成をもたらしている。それは今日の建築物の中では例外的なものであり、世界の木造の中でも類例がない[*6]。そのため、やり方によっては前例のない環境を生み出す可能性があるのだが、さしあたりここでは、日本の木造の最大の特徴が壁体・スラブ体のつくられ方にあることを明記しておこう。

## 2——屋内空間の進化

以上の話を現代的な話題につなげると、次のようになる。

つまりこのような外壁・屋根スラブによってつくられた空間は、いわば9つの薄いフィルターによって、屋外から隔てられた状況にある。あるいは屋外と屋内が、9つの異なるインターフェイスによって、グラデーショナルに連続したような状況にある。したがって、もし

＊6 「世界の木造」というのも非常に面白い研究課題である。簡単に解説すると、日本以外に木造が盛んな地域としてドイツ・北米・北欧・東欧などがあるが、木造の形態はさまざまであり、共通性よりも異質性の方が大きい。ドイツの木造は、第二次世界大戦期の鋼鉄不足によって土木工作物を木造で実現するために発達したという側面と、戦後の経済成長期における集成材の開発によって発達したという2つの側面がある。北米の木造は、小規模なものはいわゆる2×4パネルのプレハブ工法だが、これは広大な国土における物流の問題から発達したという側面と（木造住宅のプレハブキットが通信販売で流通したのは北米大陸が史上初）、熟練工を望めない社会構造から生じたという側面がある（移民労働者による施工）。北欧の木造はむしろ組石造に近い形式で、いわば奈良の正倉院に近い壁体を、日本の船大工と指物師を合わせた技術をもった熟練工が木組みしていくような木造である。東欧の木造は一応軸組だが、基本的に短く太い束材・曲げ材を多用することに特徴がある。このように木造の形態はさまざまであり、世界の各地域でいまだに多様性を保っている。
これらに比べると、RC造やS造はほとんど世界標準品であり、地域性や歴史性を払拭したところからはじまっている。その理由はもちろん近代化のプロセスが世界中どこでも共通しているためである（鉄鋼業・セメント業・砂利採掘業などの産業資本主義化）。ただし、いわゆる旧G8諸国に限っていえば、すでに産業資本主義の起動から1～2世紀経った今日、RC造やS造においてさえ地域性・歴史性による差異が生じはじめている。たとえば戦後フランスのRC造の特殊性（基本的に現場打ちでなくPC造、しかも土木構造物用として発達）、冷戦期のソビエトのS造の特殊性（鉄板造による大スパンシェル構造）、70年代からの日本のRC造の特殊性（セメント粒子の改良による強度操作ならびに耐水性の喪失）などが典型的である。

したがって、20世紀の国内でよく話題にされたような、日本の建築だけが世界標準から逸脱しているといった議論は、事実として正しくない。実際には、どの地域の建築物も世界標準からどうしようもなく逸脱していくのであり、むしろそれが建築物の最大の特徴のひとつである。この特徴は、建築物が土地に定着した立体であること、また特定の人間集団によって工作されること、という条件がある限り残り続ける。

各層をひとつずつ変更していったとすると、屋外と屋内の間で調整されてきた事柄が、微細なレベルで変化することになる。たとえば日差しの問題、室温の問題、美観の問題、重力や地震の問題、音の問題、風通しの問題などの、屋内外で調整されてきた事柄が、少しずつ変化することになる。

もともと既存の木造に備わっている9つの層は、9つの空間的（環境的）な性質に一対一対応しているため、ひとつの層を変えると空間の性質もひとつ変化するという、パラメトリックリックな操作が可能である。ちょうど音響機器におけるイコライザーが音をパラメトリックな空間の変化をに変化させるように、9つの層を通して空間の状態をあやつることができる。これに対してRC造やS造における3層は、特定の層がドミナントすぎるため（躯体層や外壁層）、各層の変化がパラメトリックな空間の変化をもたらしにくい。木造における9つの層はもっと並列性が高く、冗長性も高いのである。それは本来の目的から逸脱して活用できる状態にある。やり方によっては、広義の近代建築（RC造やS造）ではできなかった多様な環境設定（空間設定）を実現できる。

筆者がこの可能性に気づいたのはいまから10年ほど前で[*7]、それ以来、木造の仕事においてはなるべく外壁・屋根スラブの厚さに余裕をもたせてきた。また、木造以外の仕事においてもなるべく同じ考えを応用してきた。既存の木造の外壁・屋根スラブの厚さが200㎜程度だとすれば、「板橋のハウス」は400㎜、「駿府教会」は760㎜、「宇都宮のハウス」は800㎜、「沖縄KOKUEIKAN」は1100㎜である。それくらいヴォリュームをもたせると、各層の変更や調整が容易になり、望ましい環境をつくることができる。

いくつか要点だけ述べると、「駿府教会」では外壁と屋根スラブの組成を変えて光と音の状態をあやつっている。この壁体の場合、もっとも屋外側に細かい凹凸をもった外装材があり、太陽の移動にしたがって一定時刻になると光と影に包まれる外観をつくり出している。壁体・スラブ体の内部には、戸外の電車と踏切の騒音を遮るための遮音材が4層あり（周波数帯域の異なる4つの素材）、さらに屋内側には室内の残響時間を制御するための吸音材が3層ある。もっとも室内側には内装材があり、その下方を板張りによる音の反響ゾーン、上方をルーバー材による吸音ゾーンとした。この板張りからルーバー材への変化は、室内に自然光を採り入れるためのものでもある。床から天井方向へ向かって板幅を少しずつ小さくし、天井付近において糸のように細くすることで、ガーゼ越しのようなやわらかい光の効果を得ている。他の光の効果としては、たとえば時刻によって壁体の中のトラス柱が光に照らされて、室内に蜃気楼のように現れるという効果、あるいはスラブ体のトップライトがルーバー天井にやわらかく転写される効果、またルーバーで切られた光が大粒の光の粒子となって現

＊7 「10年ほど前」とは、「砥用町（ともちまち）林業総合センター」の基本設計時点の2002年のこと。

れる効果などがある。基本的にこの壁体・スラブ体は、人工照明なしで聖書を読み、音響機器（マイクやスピーカー）なしで聖書を音読し、電気オルガンでなくパイプオルガン（ポジティブ式）で聖書を歌うための環境をつくるためのものである。

「板橋のハウス」では壁体の組成を変えて、風と光を扱っている。敷地は通風状態のよくない過密な立地だが、既存の風の流れを捉えるように壁体の組成を調整し、通風層を内部に備えた壁体としている。壁体の屋外側には段々状の窓を設けているが、どの窓も周囲の風の流れを捉える位置にある。つまり隣家の屋根付近、隣家同士の隣棟間、擁壁上の畑の空地、隣家の軒下やバルコニー先などのあらゆる風の通り道を狙った位置に窓をレイアウトしており、結果として周囲の立体をトレースしたような非水平連続窓の外観になった。

「宇都宮のハウス」では屋根スラブの組成を変え、直下の生活環境のために光と熱と風の状態をあやつっている。というより、この屋根スラブの場合は住み手の身体をあやつっている。屋根スラブを透過した光が朝はベッドの上に、正午はキッチン・カウンターに降り注ぎ、その光を辿ると一日の生活リズムができあがるのである。住み手は生活リズムを光に整えてもらい、そこに寝起きしているだけで身体の失調が自ずと治療されるという住宅である。熱と風については、生活が発生させるあらゆる潜熱や顕熱、たとえば就寝なり食事なりが生み出す熱量や、家電や日用品の使用がもたらす熱量を、上空のルーバー天井の疎密によってスラブ体の中へ吸い込み、自然通風によって処理している。

こうしたさまざまな環境や空間のあり方は、どれも木造の壁体・スラブ体に備わっている9つの層を調整することによってつくられている。木造に備わっている層とは、ほとんど9つの異なる環境性、空間性である。それらをどのように設定するかによって、いま述べた以上の多様な空間をつくれるだろうし、前例のない環境をつくることができるだろう。

以上の設計手法は、いままで漠然と「環境」や「空間」と呼ばれてきたトピックを、9つの層（必要な場合はそれ以上の層）を通してあやつろうとするものである。それをする中で、たとえば広義の近代建築においては機械で扱われてきた環境的な問題（熱や風や音といった設備機器で処理されてきた問題）や、場合によっては言葉でしか扱えなかった環境的な話題（身体、現象、場、あり方、居心地などの言葉で補われてきた事柄）などを、壁体・スラブ体を通してあやつれるようになってきた。それと同時に、いままでにない建築のあり方も出てくるようになってきた。「宇都宮のハウス」のような、「住み手の身体を光であやつる建築」とでもいうべき存在は、近代建築の圏内からは出てこなかったものである。あるいは「身体を治療する建築」とか、「身体から家電までの活動熱を処理する建築」といった存在も、近代建築の圏内からは出てこなかった。もちろん身体を「環境」の一部として捉えるという考え方そのものは、言葉の上で長らく議論されてきたが、それを現実の空間に置き換えることができなかったのである。それは近代建築の圏内で実現しようとしていたからだろう。少なくとも木造による現代建築によれば、そうしたことは容易に実現できる。

こうして「環境」や「空間」といったトピックは、木造による現代建築によれば、より平易に追求されるようになる。しかも、通常以上にミクロな「環境」、たとえば身体や潜熱や体調といった、いわば生態学的な「環境」のトピックも、容易に対象化されるようになる。その意味で、近代建築と現代建築のひとつの違いは、こと屋内空間に限っていうならば、前者がインテリア・デザインとおおむね同じ次元にとどまっていたのに対して、後者は光や風といった意味での「環境」にはじまり、身体や潜熱といった微視的な「環境」までを対象化することにある。すなわち、従来の内装設計的な問題設定が、より微視的、身体的、生態環境的な問題設定へと移行することになり、それをあやつるものへと建築が進化する。

## 3——壁とスラブの進化

前節では屋内空間の進化について述べた。続いて屋外空間の進化について説明する前に、ここでは壁体・スラブ体そのものの進化について述べておこう。木造による現代建築においては、壁体・スラブ体をいかに設計するかが決め手になるが、その作業は広義の近代建築の設計作業においてはほとんど省かれていた作業であり、ゆえに作業イメージを立てなおす必要がある。とりあえずの作業イメージをあらかじめ述べておくと、近代建築の壁やスラブが図面上で線分に還元できるような存在だったとすれば、木造による現代建築の壁体・スラブ体はむしろひとつの空間である。それは屋内空間と屋外空間の間に、第三の空間を発生させるような作業になる。具体的に説明していこう。

「駿府教会」の壁体・スラブ体には、何層もの遮音材と吸音材が入っていることは前節で述べた。その断面詳細図（図2）をよく見ると、音と光が大事な施設であることが理解できるようになっている。いわば施設用途（プログラム）が、ある程度推定できるようになっている。礼拝堂だと特定できるまでには至っていないものの、近代建築の壁やスラブに比べれば、施設用途（プログラム）が反映されるようになっている。他方、この断面詳細図を別の視点から見ると、周辺状況が騒音の多い場所であることも理解できるようになっている。いわば周辺状況（コンテクスト）も、従来の壁やスラブ以上に反映されている。他の作品も同様である。「砥用町林業センター」の壁体・スラブ体には、天高が大事な3つの空間があるという施設用途（プログラム）が反映されており、また山に囲まれた場所にあるという周辺状況（コンテクスト）も反映されている。「板橋のハウス」の壁体にも風と光の少ない立地という周辺状況（コンテクスト）が反映されており、「宇都宮のハウス」のスラブ体にも住み手の生活（プログラム）が反映されている。つまり9つの層を変化させたことによって、プログラム（屋内用途）とコンテクスト（屋外状況）が、壁体・スラブ体に集約されるところまできた。

plan

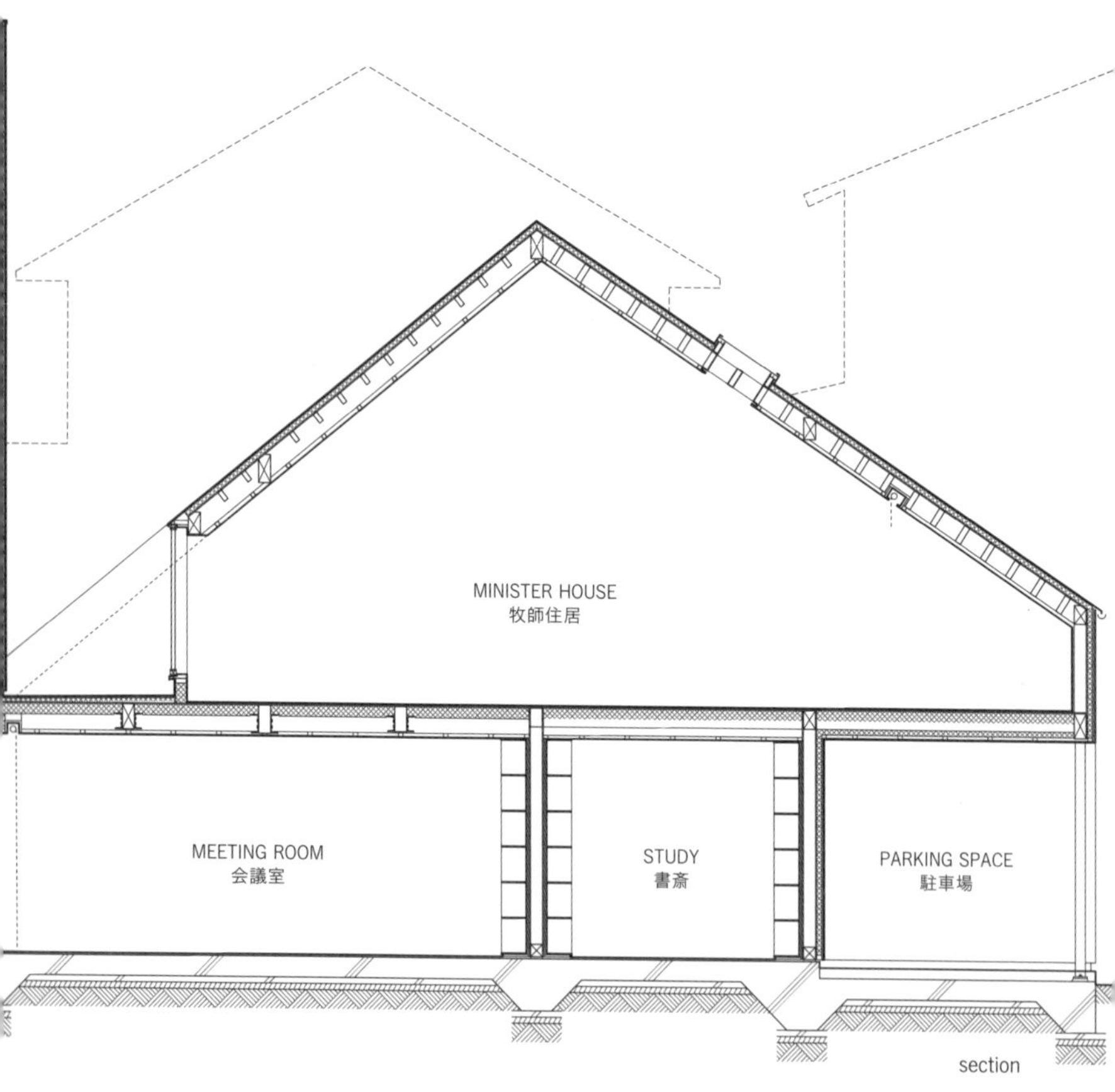


section

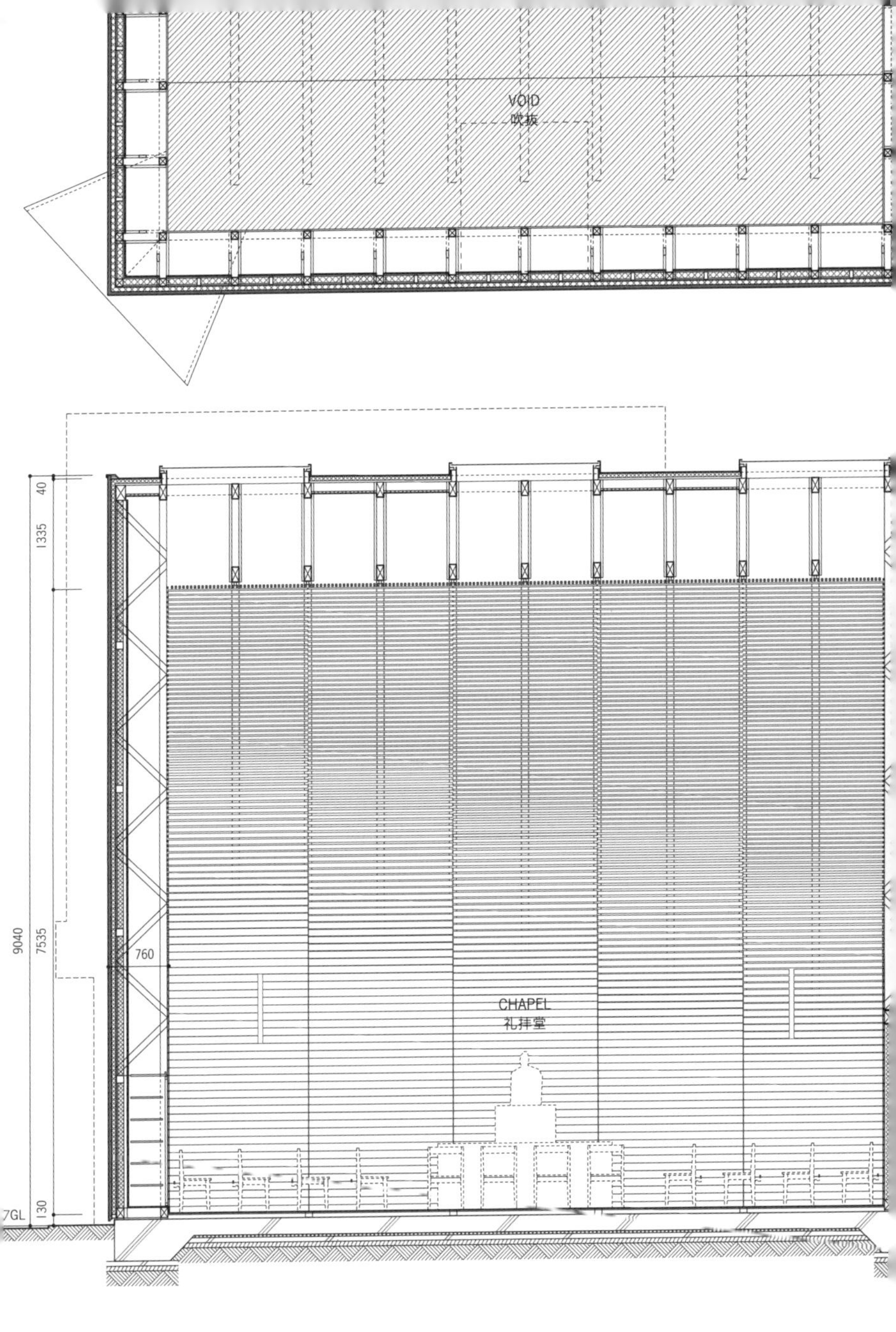


図2　駿府教会の断面詳細図

このことは、従来は平面計画で行われてきたプログラム処理（屋内用途への対応）が、壁体・スラブ体によって処理されつつあるということであり、同時に、従来は立面計画や外形操作で行われてきた周辺条件への適合（コンテクストへの対応）も、壁体・スラブ体によって処理されつつあるということである。このことから、木造による現代建築の設計作業は、近代建築のそれに比べて、次のような違いをもつことがわかる。

第一に、木造による現代建築は、ややおおげさないい方をすると、近代建築のような平面計画（プランニング）を必要としない存在になる。たとえば礼拝堂と集会所の違いは、プランニングの違いよりも壁体・スラブ体の違いに求められるようになる、という意味である。あるいは体育室と多目的室の違いは、プランニングの違いよりも壁体・スラブ体の違いに求められるようになる。このことは、近代建築におけるフロアプランが、それにふさわしい環境設定を欠いていたことを補うものだと考えてもよい。その環境設定を行うのが壁体・スラブ体の役割であり、そのバリエーションが現代建築の特徴（環境特性）をつくっていくようになる。逆にいうと、フロアプランだけを切り取って比べると、現代建築のプランは近代や前近代のプランの類型から選んだようなものになるだろう。そのプランの周囲や上空にある壁体やスラブ体こそ、現代建築が集中的に扱う対象だからである。このことは、ちょうど前近代の日本の木造建築が、広間であれ寝所であれ同じフロアプランで成立させていたこと、と同時に屋根伏や天井伏や欄間類や調度類なりによって諸室の環境設定を行っていたことの、現代版だということができる。[*8]

こういう説明もできる。たとえば住宅のベッドルームと、ホテルのベッドルームの違いといった悩ましい差異も、上述したような壁体・スラブ体によれば区別することができる。「宇都宮のハウス」のようにスラブ体を透過した光が住み手を誘導し、その身体に生活リズムを叩き込むといったことは、不特定多数の身体が短期間滞在するベッドルーム（ホテル）でなく、特定の身体が数十年間居住するベッドルーム（住宅）で行われることに意味がある。住宅とホテルという2つのベッドルームは、生態環境的（身体的）には大きな違いがあるが、機能的にはほとんど差異がないために、フロアプランで区別することが難しかった。だが壁体・スラブ体を進化させるとそうした差異も掬いとれるようになる。その意味で、現代建築の設計作業は、ホテルなり住宅なりといった施設をプランニングによって平面的に把握するものではなく、より立体的・環境的に把握する作業になる。それを可能にするものとして壁体・スラブ体が進化することになる。

＊8　近代以前の木造建築においても平面は考慮されているが、いわゆる機能論的な意味でのプランニングはなされていない。今日われわれがプランで処理しようとする事柄は、別の方法で対処されている。伝統的な木造建築においては多種多様な建具や障子や調度品があり、庭から寝所までの12段階にわたる細かい諧調領域があり、機能の問題はその中に解消されている。木造による現代建築はそれらをひとつの壁体・スラブ体に集約したものであり、いわば平面計画と配置計画の課題を壁体・スラブ体に集約したものである。

第二に、木造による現代建築は、従来のような周辺対応、つまり外形操作、立面計画、配置計画によるコンテクストへの対応も、さほど必要としなくなる。いままで外形操作、立面計画、配置計画が行ってきたことは、従来の壁やスラブの性能を前提とするもので、新たな壁体・スラブ体の開発によってかなりの部分が不要になる。「板橋のハウス」のように、9つの層を調整することで過密な場所でも風や光が得られるのであれば、従来のように外形操作や配置計画で周辺対応を行う必要はなくなってくる。過密な地域と低密度な地域の違いは、異なる外形や配置で対応するよりも、異なる壁体・スラブ体で対応した方がダイレクトに環境を整えることができる。特に東京のような小さな敷地においてはその方が、設計の自由度も高いと考えられる。そのため、よほどの場合を除いて、外形的には同じ立体で構わないし、同じ配置でも構わない。ちなみにこうした設計姿勢も、前近代の木造建築が、寺社であれ学校であればほぼ同じ外形で成立させてきたことの、現代版だということができる。

もちろん建築物である以上、立面図や配置図を一枚も必要としないということにはならないが、それらの作業の比重が変わるのである。周辺対応のかなりの部分が壁体やスラブ体によって負担され、他の部分が外形や配置の分担作業として残される。このことにより、いままで造形的な側面からしか応えられなかった外界の問題が、より環境因子的に捉えられるようになるだろう。[*9] それを実行するものとして壁体・スラブ体が進化していくことになる。さらにいうと、外界に対して、従来の建築よりも能動的に働きかけるものへと進化していくことになるのだが、この最後のポイントについては、次節の屋外空間の進化とともに説明しよう。

## 4——屋外空間の進化

現代建築における屋外空間がどういうものになっていくかについて、その方向性だけあらかじめ述べておこう。前々節で述べた屋内空間の進化が、身体や潜熱といったミクロな方向へ向かっていたのに対して、屋外空間は逆にマクロな方向に進化していくことになる。

「沖縄KOKUEIKAN」のように外装をツタで覆い、その背後に十分な通風層を設け、さらにミスト粉霧を行うと、外装の表面温度は28℃にしか達さない（広義の近代建築の壁面温度は沖縄においては軽く50℃を超える）。沖縄・那覇市の夏期の気温は30〜34℃であり、

＊9　近代建築と現代建築の設計方法の違いは、それぞれが重用する媒体によっても区別できる。広義の近代建築の設計作業は、主として平面図、立面図、配置図において行われるが、木造を進化させた現代建築の設計作業は、主として矩計図（壁体）、断面図（壁面とスラブ体の空間支配率の決定）、面積表（規模の設定）において行われる。さらにいうと、設計を補足する作業内容によっても区別できる。たとえば調査や実験などの補足作業についていうと、広義の近代建築においては現地のデザイン・サーベイや都市リサーチのようなものが主流になるが、現代建築においては現地の自然現象の把握が主流になる（現地の風の流れ、光の変化、ツタの生育力などの自然現象が、都市であっても住宅街であっても実験と調査の対象になる）。後者は一種の生態調査や生体実験に近い作業になる。

人間の体温は36℃であるから、「沖縄KOKUEIKAN」は国際通りにおいては「涼しい立体」になる。この「涼しい立体」の高さは30m、長さ（全周長のうち道路に面した約半分の長さ）は80mであり、総面積にして2400m²である。すなわち、それは0.24haの緑地に匹敵する規模をもち、国際通りの都市気象に影響を及ぼすような立体である（街路や歩行者に対する冷却効果をもたらす）。0.24haの緑地が地区計画において無視できないように、「沖縄KOKUEIKAN」の屋外計画も都市内環境にとって看過できないものになる。ちなみにこの「涼しい立体」は、配置計画や外形操作を通して周辺環境に対応しているのでなく、いわば「涼しさの規模」で周辺環境に応答している。そうすることで国際通りを冷却し、その歩行者たちも冷却し、その歩行者たちの流れを変え、商業施設として集客しようと試みている。こうした屋外計画は、以下のような特徴をもっている。

第一に、外界の都市気象（気温、風、湿度、音など）の発生源として屋外計画を行う、という特徴がある。と同時に、外界の既存の立体についても都市気象の発生源として捉える、という特徴もある。その場合、近隣の建築物だけでなく、工作物や自然物までを含めた、外界のあらゆる立体とそのアクティビティが、無視できない存在となる。この「あらゆる立体とアクティビティ」とは、たとえば崖の茂みとその生え変わり速度、あるいは群衆とその歩行といった、周辺環境に影響をもたらす事象のすべてである。さらに、太陽とその運行、あるいは山河やその形状といった、距離的には必ずしも近くにないあらゆる立体とアクティビティも含まれる（都市気象に影響を与えるのならば）。設計のターゲットが「環境」であり、「都市気象」である以上、距離空間では計れないさまざまな事象が含まれることになる。そのため、それに応答する屋外計画も、あらかじめ一定のスタイルとして想像しうるようなものにはなりがたい。さしあたり、筆者の手がけた例からいくつか挙げると、たとえば「沖縄KOKUEIKAN」の屋外計画は、前面道路に冷却効果をもたらすことを意図しているが、これは国際通りの群衆とその歩行を重視して設計されている（いわば温度36℃、湿度90％の群れが一日2万体歩行している状況を重視している）。あるいは「駿府教会」の外観は、太陽とその運行、および列車とその運行を、同じように重視して計画されている（太陽と列車は、光と音という意味では異なるが、プロテスタントの教義にとっては光も音も等しく重要であり、もちろん周辺環境としても等しく重要である）。あるいは「板橋のハウス」の外観は隣の家屋と崖を同じようなものと見なして計画されている（建築物と工作物は、しい都市気象の遮蔽物として等価であるため）。こうしたさまざまな屋外計画の現れ方に、風という共通点を求めると、冒頭で述べたように外界のあらゆる立体とアクティビティを都市気象の源として捉える、ということになる。これを現代建築のあり方として一言でいい表す場合、どういう呼び方をすれば適切なのかわからないが、さしあたり現代建築は、外界に対して「気象的」な存在へ進化するということができるかもしれない。

第二の特徴は、いまの話の延長線上に出てくることだが、現代建築の屋外計画は、外界を動的に変えていくものになる。先に「沖縄KOKUEIKAN」の屋外計画の設計主旨は「涼しい立体」をつくることだと述べた。つまりこの商業施設において、屋外計画の役割は、「涼しさ」によって人びとを集客することにある。そのため、外界の気温を何℃下げられるのか、あるいは街路の歩行者の体温を低下させられるか、もしくは都市緑地にかわる存在になれるのかといったことを、屋外計画を通して追求している。広義の近代建築の屋外計画は、コンテクスチュアリズムが典型的にそうだったように、周辺条件を鏡のように映し出す受動的な作業になることが多かったが、こうした現代建築の屋外計画は、その建物が置かれる「環境」そのものを能動的に変えるものになる。

こういう比喩の方がわかりやすいかもしれない。近代建築と現代建築の屋外計画の違いは、ちょうど物理学と化学における実験の違いに似ている。化学試験において液体A（溶媒）に液体B（溶質）を混ぜるとき、多くの場合、どちらも不可逆的に変化する。そしてしばしば第三の液体Cを生成する（溶解）。化学反応は、物理的な反応と違って、実験前には存在しなかった化学物質を生成する。この化学反応という比喩は、相手が「環境」である場合に限って、建築に適用することが許されるだろう。近代建築の屋外計画が周辺に対する物理的な反応に近いものだったとすれば、現代建築の屋外計画は、外界の環境（溶媒）に化学反応を起こすようなものであり、溶質（建物）だけでなく溶媒（外界）を変えるものになる。これを一言でいう場合、どういういい方が適切なのかわからないが、さしあたり現代建築は、外界に対して「化学反応的」に作用するものになる、といっておくことにしよう。

以上述べてきたことが、国内の前近代の木造を進化させたときに生まれる現代建築である。

## 5――終わりに：なぜ組成なのか

在来木造の組成という一見して何の変哲もない事柄から、以上のような可能性が出てきたことに、読者は納得のいかない思いをもたれるかもしれない。最後にその疑問に答えたい。

木造の組成からどうして新しい建築のあり方が出てきてしまうのかといえば、壁体・スラブ体の組成というのが、もともと建築にとってコンストラクティヴ（構築的）な次元の事柄だからである。在来木造の組成における9つの層は、既存の状態においてすでにエネルギーの問題から意匠の問題までを含み、また構造計画から設備計画の問題まで含み、あるいは室内から室外の問題までを含んでいた。ただし、それらが独立して、単に並列しただけの状態にあった。厳密にいうとその状態は、まだ未構築の状態である。筆者はそれを構築的に組み替えて、建築を生み出すように仕向けてみたのである。ただし、近代建築と同じ轍を踏まないように、現代組成の合理化だけは禁じ手とし、多層性を保持しながら組み替えたのであった。さらに、もうひとつ注意したことは、従来の構築論のもつ偏向に囚われないことであった。
従来の構築論は、「過去の」建築との連続性なり切断性なりを気にするあまり、昔ながらの題材を過度に重視するという傾向をもっている。広義の近代建築における構築論も、構造体、比例、平面幾何、外形操作、空間構成といった昔ながらの題材に気を遣って展開されてきた。その結果、「過去との」連続性なり切断性なりが論証された。しかし本来構築論とは、目の前の建築物の可変性、可塑性を問うときに意味をもち、むしろ「未来の」建築物との連続性に取り組むときに威力を発揮する。したがって、未知の建築物を生成するために構築論を援用するというこの文章のスタンスにとって、従来の構築論は意味がなく、昔ながらの題材にこだわることはしていない。そのかわりに、別の題材によるコンストラクションが視野に入ってくることになった。すなわち身体の生活リズムのコンストラクションや、家電や日用品のコンストラクションや、また周辺地域の風の流れのコンストラクションや、都市植生のコンストラクション、あるいは都市気象のコンストラクションといったことが、新たな建築の射程に入ることになったのである。壁やスラブの組成というありふれた事柄から、未知の建築の姿が出てくることの背景には、以上のような事情がある。

おそらくこうした作業を延長していくと、未来の建築物は、あらゆる意味で生態環境的な立体になる、というヴィジョンが出てくるだろう。建築は、身体や体調といった非常に微視的な事柄から、都市の植生や気象といった巨視的な事柄にまで働きかけるような、生態環境的な立体になる。

木造の組成が示唆する未知の可能性を追いかけるなかで、筆者はそうしたヴィジョンを得た。願わくば、世界の他の地域においても前近代の建物から未知の可能性が引き出され、驚異的なヴィジョンが事例とともに提示されるのが望ましい。真に想定外の現代建築を、多種多様なかたちで地球上にもたらすことが、21世紀の建築家の役割である。

砥用町林業総合センター（2002〜2004年）

板橋のハウス（2004〜2006年）

日本基督教団　駿府教会

駿府教会（2006～2008年）

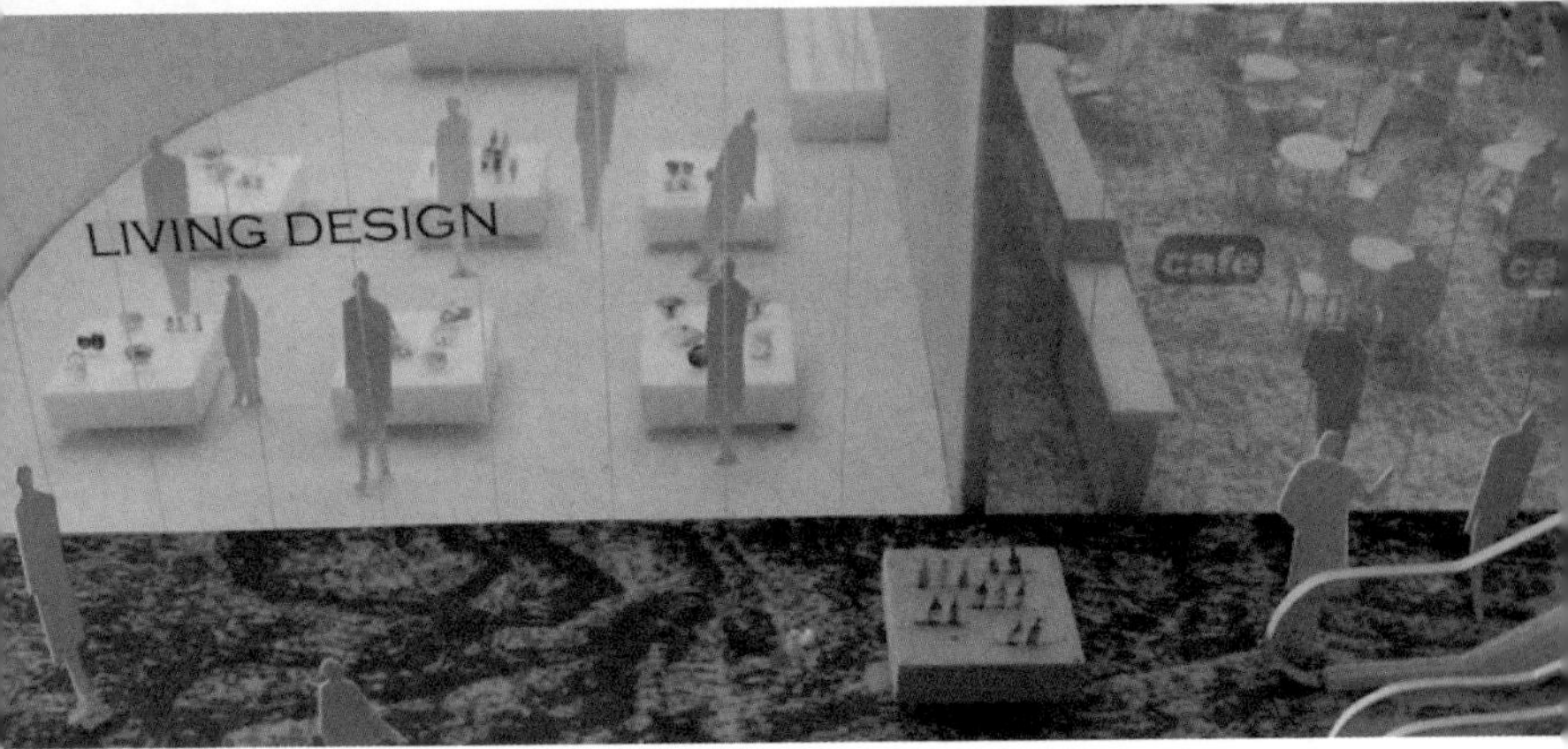


沖縄KOKUEIKAN（2006〜2010年）

宇都宮のハウス（2007〜2008年）

石鎚
イシヅチ
石鎚

今治港駐輪施設（2011〜2017年）

第3章

# 談話・エッセイ
（2006～2022）

# 近代都市の根拠

（2015年）

聞き手＝門脇耕三

## 軽工業から語りなおす近代都市

**西沢**　20世紀後半の建築界では、「近代都市」の根拠をいうときに、鉄やコンクリートといった重工業から話をはじめますね。工業化社会というときの工業も、造船業や自動車産業といった重工業のことです。あの説明はよくないと思います。重工業の前段階、つまり軽工業（18〜19世紀前半の繊維産業）の段階を無視しているからです。

軽工業は、都市現象としてはスラムや貧困、疫病や公害、環境破壊といった事柄に対応します。それらの問題がなければ近代都市は発生していないのです。ここをいわずに成り立ってしまう近代都市の説明には、気をつけた方がいいです。

――たしかに19世紀に構想された工業都市は、軽工業を前提としたものがほとんどですね。最初期の工業都市構想であるルドゥーの「ショーの理想都市」の中心は製塩工場ですし、ハワードの「田園都市」も、軽工業と小規模農業に基盤を置くものでした。しかし近代都市といえば、重工業というイメージが強い。これに対して西沢さんは、むしろスラムの発生から語り起こすべきだというわけですが、その理由を詳しくお話いただけますか。

**西沢**　近代都市のもっとも常識的な定義は「産業資本主義に対応した都市形態」ですが、その産業資本主義は、軽工業の段階で起動したのです。産業革命も軽工業の段階です。そしてそれらの出現のありさまは、非常に暴力的でした。軽工業の段階を無視すると、そういったことがわからなくなります。

また、近世都市から近代都市へという変形過程もわからなくなります。まるで近代都市はコンテクストフリーで立ち上がったロジカルな代物のように錯覚することになる。でも近代都市は、近世都市がのたうち回ったあげくの産物なのです。近代都市は、近世都市の局所的変形としてはじまったわけで、その誕生の仕方に根ざした限界をもっています。

近世都市の「のたうち回り」とは、主として18世紀後半から19世紀半ばまでの英国の諸都市に生じた激烈な都市問題のことです（スラム・貧困・疫病・公害・環境破壊）。これをいまの読者にわかりやすいように現代用語でいいますと、まず既存の都市域にブラック企業（当時は繊維工場）が大量に進出し、非正期雇用と汚部屋（スラム）が街区単位で集積され、SARSやMERSよりも致死率の高い伝染病が拡大し（当時はチフスやコレラ）、放射能はなかったとしても汚染水や煤煙などの公害がさらに致死率を上昇させ、森林や河川の環境破壊も激化した、という説明になります。ロンドンでは平均寿命が15才になったという恐るべき地区もあり、都市が生存不能な場所になってしまうと英国議会で問題になったほどです。だから、それ以前の近世都市の常識をかなぐり捨てて、上水や下水を敷きましょうとか、住居地域と工場地域を区別しましょうとか、業務地域も分けましょうというように、起死回生の都市再生を行うようになった。その流れが近代都市へと行き着くことになります。

スラムや公害といった都市問題を、20世紀前半には多くの人が口を酸っぱくしていっていたのですが、後半になると昔話のように扱うようになった。でもそれは昔話どころじゃないと思います。いまも似たようなことが、別のかたちで起こっているからです。そればかりか、1960~70年代の先進国の都市でも似たようなことが別のかたちで起こりました。その意味で近代都市は、その生誕時だけでなく、戦後のG7諸国における拡大期（60~70年代）、そしてG20諸国における量産期（90年代後半以降）という節目節目において、似たような問題に付き纏われてきました。このことは、スラム・貧困・疫病・公害・環境破壊といった軽工業の頃の問題が、本当に近代都市計画によって解消されたのか、あるいは延命されたり助長されているのか、疑念を抱かせるに足るものだと思います。

要するに、「軽工業の出現」は、近世都市のまっただ中で生じたため、近世都市を近代都市へと変形していく劇薬のような働きをしました。もちろん経済的には重商主義を産業資本主義へ変容させた劇薬であり、また政治的には絶対主義を制限民主主義へ変身させた劇薬でもあります。こういう変形過程についての分析は、結局のところ、マルクスの『資本論』にしか書かれていないと思います。

**――いまの話とからめて、近代都市の政治的な背景について、また産業状況の変化について、お話いただけますか？**

**西沢** 政治経済用語の中に「覇権国」という概念があります。生産、流通、金融で世界の中心となった国家のことで、軍事力や文化力を含める場合もあります。19世紀の覇権国は大英帝国でした。その前の覇権国はオランダで、さらにその前はスペインです。覇権国はほぼ100〜120年周期で交替していて、いまは20世紀の覇権国であった米国の時代が終わりつつあります。

かつてスペインが覇権国だった頃はもちろん絶対主義の時代で、重商主義の時代です。スペインはアジアや中南米に植民都市を大量に築きましたが、どれもフェリペ二世様式のスパニッシュグリッドです。次の覇権国のオランダもそれを模倣したダッチグリッドで都市を整備して、ニューヨークあたりまでグリッドシティになります。ですからこれらのグリッドシティは典型的な**近世都市計画**の産物で、近代都市計画ではないです。近世スペインの影響については20世紀初頭の欧米の建築家や都市計画家たちが多くを語らなかったので、20世紀後半の建築界が錯覚したポイントでもあります。

アムステルダムも近世にスペインが整備しました。あそこはスペインの中継港で、長いこと冷や飯を食わされていました。オランダは17世紀前半まで続いたスペインとの戦争に勝って独立を果たし、利権を手中に収めます。

その後のオランダの覇権を支えた産業は毛織物産業（ウール）でした。そのオランダに対抗したのが英国です。ロンドンもオランダの中継港でしたが、毛織物業は貴族や王室の重量服なので、オランダの販路を切り崩せず、ほとんどやけくそで立ち上げた新産業が綿産業（コットン）です。英国はコットンで下着やシャツをつくり、それまで購買層とは見なされていなかった国内外の貧民（賃労働者）に売りまくります。その競争の過程で、商人資本が投資して産業革命が起こり、繊維工場がロンドンやマンチェスターの市街地で拡大します。

このあたりで産業資本主義が成立します。商人資本による設備投資、工場や蒸気機関といった産業設備が、ほぼ自動的に価値を生み出し続けるようになると「資本（産業資本）」と見なされます。人的資本については基本的に農民を農地から引き剥がして都市に追いやり、老人から幼児までを24時間体制で紡績機や織機を蒸気機関で回させるといった状況になります。労働基準法もないから、いまのブラック企業がパラダイスに思えるような労働環境と居住環境になる。先ほどいった「スラム・貧困・疫病・公害・環境破壊」が進行します。その惨状は、19世紀前半に書かれたエンゲルスの『英国における労働者階級の状態』に詳しくレポートされています。

## 軽工業から重工業へのシフト

**西沢**　軽工業（繊維産業）が先端技術でなく在来技術になった19世紀後半から末になると、工業先進国は鉄鋼業や造船業といった重工業で競い合います。米国は20世紀の両大戦を契機に英国から覇権国の座を奪います。戦後の世界商品は自動車産業ですが、その後、１９９０年代あたりから世界商品は情報産業に移行しています。

19世紀末の重工業の頃から、基本的に市街地には工場をつくらなくなり、港湾エリアに生産拠点や物流拠点やエネルギー拠点をつくるようになります。つまり都市部から近郊（港湾部）へという産業移転が、軽工業から重工業へのシフトとともに起こります。

当時は狂ったような港湾開発の競争があり、ロンドンもハンブルグもロッテルダムも地球を断ち割るような勢いで港湾を整備しました。その反面、都市部においては、かつてエンゲルスが半世紀前に書いた激烈なスラムの拡大や、公害や疫病の増大は、一瞬止まったように見えました。この「一瞬止まったように見えた」ことがポイントです。この時期に、近代都市計画の嚆矢であるエベネザー・ハワードの「田園都市」が構想され、近代都市計画が産声をあげます。

近代都市の根拠は、先ほどいったようにスラム・貧困・疫病・公害・環境破壊といった命にかかわる問題を解消し、都市を生存拠点として再建することにあります。だから、それらの問題が真に近代都市計画によって解消されたのか、あるいは別の何かによって（たとえば産業移転によって）どこかへ行っただけなのか、非常に重要なはずです。

ハワードの「田園都市」は、産業移転の終わった時期に構想され、相対的に平穏となった都市部を前提としたという意味で、わりと「上げ底状態」ではじまっています。しかも「田園都市」は、都市部でなく内陸の郊外に構想されていて、いわば「都市からの撤退」を行っています。もちろんハワードもスラムのことをいいますが、彼が同時代に見たスラムと、エンゲルスが見たスラムは、微妙に違うのです。重工業と軽工業が違うからです。重工業と軽工業とでは、生産拠点の立地が違う。だから市街地への影響も違ってくる。

ハワードが重工業期の都市を前提にしたことは、その時代に生まれた以上、致し方なかったかもしれない。でもそれを受け継いだ20世紀のモダニストたちは、もっと冷静に検証できたはずです。

モダニストたちは、自分たちのやり方が本当にスラムなり公害なりを解消していると錯覚するようになったと思います。20世紀後半にはスラムクリアランスに成功したというようになり、今日ではスラムのことなど考えなくなった。でも僕は、まったく成功していないと思っているわけです。スラムクリアランスが成功したように見えるのは、短期的な錯覚です。実際、その後のG20諸国ではものすごい量のメガスラムができていったし、またスラムクリアランスに成功したはずのG7諸国でも、新たなタイプのスラムが発生しました。

## 旧型スラムと新型スラム

**西沢**　G20諸国のメガスラムについては、マイク・デイヴィスの『スラムの惑星』がよく読まれたので、知っている人は多いでしょう。「メガスラム」とは、中南米や南アジアなどの債務国に生じた巨大なスラムのことです。

どの債務国でも当初はIMF（国際通貨基金）や世界銀行の開発援助によって近代都市計画、たとえば港湾や道路や工業団地の開発が一見普通にはじまったんですが、それらの近代施設を享受するのは富裕層だけで、庶民は近世の農奴のような教育水準のままに放置されるため、債務を返済できるだけの国力にならず、債務が天文学的な数値になる。すると90年代に入ったあたりでIMFや世銀の構造調整プログラムに引きずり込まれ、農地や鉱山や水源などのあらゆる国の資産を多国籍企業に売り渡すことになる。一国の農地をまるごとドール社がもっているとか、ユナイテッドフルーツ社がもっているといった状況になる。そうした企業は広大な農地で機械化された近代農業をはじめますから、それまで伝統農業を営んでいた膨大な人たちが農地から立ち退かされることになる。すると行き場を失った農民たちが仕事を求めて都市部に集まり、巨大なスラムをつくります。エンゲルスの書いた19世紀のスラムと同様に、「商人資本的な勢力」と「絶対主義的な権力」の2つが揃うと、いつでもこうなります。僕がこの本に付け加えるとしたら、このエンゲルス＝デイヴィス的なスラムの特徴は、近代化（産業資本主義化）がはじまる前後の時期に発生する、ということです。個々の地域の近代化を告げる警報機のように、この19世紀的な旧型スラムが発生します。

これに対してG7諸国における「新型スラム」は、近代化（産業資本主義化）の終焉期に発生する、といえます。簡単にいうと、郊外ベッドタウンやニュータウンがスラム化（貧民街化）していく、たとえば生活保護者の街になる、というものです。これも英国で最初に発生しました。英国の郊外にある公営住宅街は、すべてとはいいませんが、二世代前から生活保護やフードスタンプで生きている人びとの街になっています（いわゆるアンダークラス）。ジャージを着て朝からビールを飲むかシンナーを吸ったりして、子育てについては育児放棄して、下手をすると義務教育も放棄して、妊娠すれば10万円の交付金をもらえるぞ、という世界です。この新型スラムがなければ英国の新自由主義（サッチャリズム）は出てきてないし、パンクもニューウェーブも出てきていないです。それを無視できなくなったのが英国の70年代です。僕は当時中学生で、なんでこんな人たちが出てきたのか不思議でしたが、いまはわかります。70年代の英国の郊外では、G20諸国のメガスラムとはまた別の、絶望的な貧民街が誕生したのです。他のG7諸国の郊外はそれほど露骨な状況ではないですが、僕は多かれ少なかれ似たような命運を辿ってしまうと、残念ながら思います。それらの住宅街を整備したのは同じ近代都市計画であり、その背後にある政治経済政策も大同小異だからです。

要するに、近代都市計画のやり方では、スラムを解消できないのです。もともとハワードの頃から解決したのかどうか怪しいのです。これを誰も指摘してこなかった。だから政治家も経済学者も官僚も気づかない。70年代に英国のベッドタウンで起こったことは単なる政策ミス、もしくは経済問題にすぎず、近代都市計画それ自体には問題がないとされている。そうではないと僕は思います。あれは政策ミスでは済まない話です。むしろ近代都市計画の練り上げ方に欠陥があったため、ろくな政策しか実行できなくなった、と考えた方がいいです。

いまの日本でも、郊外ベッドタウンやニュータウンがもたなくなりつつあり、次世代の雇用もないし、どうするんだという話になっています。するとベーシックインカムがほしいという議論に当然なりますが、そこに希望があるとは僕には思えないのです。それは70年代までにさんざん英国でやられてきたけれど、財政がもたなくなって新自由主義に行き着いた。だから僕は、ベーシックインカムよりはベーシックエンバイラメントの方がいいと、5年前からいっています。古い公営住宅を無償で提供してもらった方がいい。特に今日のような、円やドルが壊れつつある時代には、お金でなく生存環境を直接もらった方がいい。

――スラムの問題に対して、ハワード以降の近代都市計画は、どのように解決しようとしたか。そこをもう少し語っていただけますか？

**西沢**　先に結論をいうと、スラムに対する新たな処方箋が近代都市計画から出てくることはなく、むしろ欠点を拡大したと思います。

ハワードと同時代に、ドイツではヘレラウをはじめとして「田園都市」がいくつもつくられます。20世紀初頭のドイツのモダニスト、ハインリヒ・テセナウやヘルマン・ムテジウスやブルーノ・タウトなどは、レッチワースに感銘を受けたんですね。当時のドイツは何かにつけて英国のやることを見ていたせいもあります。その後の住宅局やドイツ工作連盟のジードルングもその延長にあります。

これらの試みが他のG7諸国のベッドタウンでも参照されます。第一次大戦後になると、そのアップグレード版といってよい、クラレンス・A・ペリーの「近隣住区論」なるものが米国から出てきます。5000人程度をひとつのクラスターにして、コミュニティ施設を核にして住区を形成していくというものです。いわばベッドタウンを量産化する手法といえますが、これが第二次大戦後の復興期に、G7諸国の公営住宅の開発手法のベースになります。

ちなみにマクロに見ると、近代都市計画というのは基本的に「点」なのです。一方に郊外という「点」があり、他方に都心や副都心という「点」がある。前者においてベッドタウンやニュータウンを整備して、後者において業務エリアや商業エリアを整備する。この2点を整備するのが近代都市計画です。その手法は60年代までにほぼ完成されています。

ハワードの影響は前者の「点」、郊外ベッドタウンやニュータウンに現れます。それらがどうして30〜50年程度でスラム化してしまうのか、僕はそれなりに時間をかけて考えてきたんです。政策以外に問題があるとしたらどこなのか。

ハワードによれば、「田園都市」は都市のよさと農村のよさを併せもつという。でもそんなうまい話はありえないと思います。都市と集落（農村漁村）は違う成立原理に基づいていて、長期的・外部的な生存戦略がまったく違うからです。

「集落」とは、農地や漁場や鉱山といった「特殊な土地」に形成される生存拠点です。特殊な土地の生産力に依存して、長期的に生き延びるという生存戦略をもっている。他方、「都市」とは、むしろ交易や戦争に適した立地に形成される生存拠点です。生存物資や生存技術や生存情報を外から獲得し、外へ廃棄し続けながら行き延びるという生存戦略をもっている。この2つは数学的にまったく異質な存在で、下手に混ぜ合わせることはできないです。

ハワードは、その2つを切り貼りするように「田園都市」なるものを提唱しますが、そういうことをすると、疑似集落しかできないのです。もちろんレッチワースはいまのところ保たれていますが、かといって近代都市が長期的に生きながらえることの証明にはならないです。つまり「田園都市」だけならば、世界中に数十箇所しかないから、なんとかなるかもしれません。トラスト団体でカバーできる総量です。でもその量産化である近隣住区、またさらなる量産化であるG７諸国の郊外ベッドタウンやニュータウンは、総量の桁が違います。

これも近代都市計画のよくないところです。モダニストのやることはいつも「少種多量」なのです。種類を減らして大量につくるといいことあるぞという、大量生産的な姿勢。同じものを大量につくるのが近代産業で、同じ人間を大量に洗脳するのが近代教育で、同じ住戸や基準階を大量に反復するのが近代建築で、同じ街区を大量につくるのが近代都市計画です。したがって参照元に潜んでいた欠陥が、拡大再生産されることになる。

20世紀の郊外ベッドタウンやニュータウンは、疑似集落を大量生産しているのです。どれも農地や漁場といった「特殊な土地」のかわりに、単なる宅地に定住させている。集落のもつ最重要の生存戦略、つまり「特殊な土地」の生産力に頼って世代を超えて生き延びるという長期的な戦略が、欠落していきます。もちろん短期的には、つまり30〜50年くらいは住めます。でも長期的には展望がないのです。僕はこのことに気づいたとき、非常にショックでした。僕の育った街も郊外の団地街なので、他人事ではないです。

最近は建築でさえ１００年をめざせといわれているのに、50年程度でスラム化する街をつくるのは、さすがにまずいです。

## 近代都市と近代建築

――近代建築の成立にも類同の問題があると思います。劣悪なスラム状況が解決されていったのは、近代建築の成立の前で、近代的な公営住宅の登場よりも前です。だから近代建築によって近代都市ができていったというのも、ちょっと違うのではないか。そのあたりはいかがでしょうか。

**西沢**　その通りです。建築が変化したあげくに都市が変化するのではなくて、実際には都市が変化したあげくに建築が変化します。ただし、ここでいう都市の「変化」とは、「悪化」という意味です。

軽工業のときのようにスラム・貧困・疫病・公害・環境破壊といった「悪い変化」がまず起きます。その後、同時代の常識をかなぐり捨てた起死回生の都市再生がなされ、その整備が新たな常識になった頃に、ようやくそれに見合った建築が発生します。近代建築の誕生は20世紀初頭で、都市の悪化がはじまってから1世紀くらい後です。だからまず都市の「変化＝悪化」が先行し、それを克服する過程の最終局面で、建築が決定的な変化を起こします。

この意味での変化だけが、建築にとって真の変化と呼びうると思います。20世紀の建築家の行ったような細かい様式変化――インターナショナリズムからブルータリズム、ポストモダニズムやコンテクスチュアリズム、ライトコンストラクションやアイコン建築など――は、後世から見ると、どれも「広義の近代建築」であると総括されると思います。なかには同じ建築家が設計しているものも多いし、同じゼネコンがつくったものばかりだし、エネルギー源や資源も同じです。異質な職能集団や、技術体系や、知的訓練は不要でした。

これに対して近世建築が近代建築へと変化したときは、職人の技術体系も違えば、設計者の知的訓練も違えば、発注の仕方も違えば、エネルギー源や建設資源も違っていたわけで、区別せざるを得ないのです。僕はそのレベルでの建築の変化が、近い将来起こると思っています。50年後か100年後かはわかりませんが、いまの都市の悪化が峠を超えた頃、広義の近代建築とは別の新しい建築が誕生すると思います。

## 21世紀の都市の課題

**西沢**　現在もっとも必要な都市に対する捉え方は、都市と国家と資本という3者を区別することだと思います。都市というのは、国家や資本よりも長期的であることを、重視すべきだという意味です。

近代都市にとって国家と資本は、意外と短命なのです。近代国家（国民国家）は短い場合は70年くらいで崩壊します。東京を制圧してきた近代国家は、大日本帝国が80年程度、その後米国が7年間、いまの国家が60年強ですが、60年とか80年というのは人の一生よりも短いです。いまの国家は60年程度ですでに国家の体を成していない。国民のために資本をいさめるようなことはとっくに放棄しており、逆に資本の手先となって規制を撤廃してみたり、放射能をまき散らしてみたり、戦争という名の公共事業を画策しています。新自由主義というのは、そのようにして国家が資本の下僕に成り下がることです。

他方、近代都市にとっての資本（産業資本）もわりと短命です。いまの日本で製造業が産業資本としてあり続けようとしたら、シャープやパナソニックのように倒産寸前になる。GMみたいに製造業をやめて不動産ベースの金融資本になるしかないという状況です。でも金融資本に変身してみても、米国があんなにドルを刷りまくり、日本も円を刷りまくって米国債を買い支えている以上、ハイパーインフレか恐慌かのどちらかです。ハイパーインフレになるとジュース1本が1000万円くらいになる。信用恐慌の場合も円やドルは交換手段にならなくなる。だから資本の方も危ないのです。長期的には資産にならなくなっている。

ところが、都市はそうではないです。都市こそ長期的な資産です。ベルリンは20世紀にハイパーインフレを2回経験しています。国家の崩壊も2回経験しています。それでもベルリンは生きながらえています。都市の方が長期的なのです。東京も国家の崩壊や交替を2回経験しています。どれほど爆撃されても再生します。都市の方が長期的です。

この感覚が、近代都市計画にはまったくありませんでした。近代都市計画の常識では、都市は国家や資本に従属することになる。国家が都市を整備するし（公共事業）、資本も都市を整備するからです（民間事業の再開発）。たしかに短期的にはその通りです。でも長期的にはそうではない。長期的にはベルリンや東京がそうであるように、国家や資本こそ都市に依存しています。

都市計画が本来なすべきことは、国家や資本よりも寿命が長いのです。都市は国家Aが機能している間に、国家Aの崩壊や交代に備えた長期的な生存環境を整えることです。また資本Bが機能しているうちに、資本Bの崩壊や消滅に備えた長期的な生存環境をつくることです。それが21世紀の都市の課題だと思います。

——都市と建築の形式が、社会的な体勢や思想や経済が変わってもそれほど更新されない。これはもしかしたら重要なことで、むしろ都市を静的なものではなく動いているものと考えると、それをどう動かして維持していくかに社会体制や経済体制が現われる。

**西沢**　都市は人工物ではあるのですが、普通の人工物とは違って数百年くらい活動するのです。生物一般よりは長生きなのです。最低でも100年以上は動かし続けねばならないわけで、それに見合った長期的な思考や、長期的な決定の仕方が必要なのです。短期的な利益しか見えない人は、都市に手を出してはならないという都市憲章や司法も必要だと思います。

——多少なりとも国家や資本のあり方に都市は影響されますが、本来的に都市はそこと切れています。逆にいえば、だからこそ都市は強いんですよね。そこでベーシックな環境を用意しておこうというのは非常によくわかります。それから、安いというのは大事ですね。金をかけずに生存できる場所をいかに維持するか。都市をつくろうという考え方よりも、いまある都市をどう動かしながら変えていくかという発想は重要でしょう。

**西沢**　僕は近代都市計画がうまく機能しない場所で何かがはじまると思います。近代都市計画では解決できない空間的な課題をもった場所、そこが次の都市の生誕地になると思います。

――新しい都市を考えなければいけないというと、僕らはどうしても静的な形式を考えがちですよね。そうじゃないんだ、というイメージをもてたのは非常に有意義です。

## 生態学と都市

**西沢**　生存環境として都市を捉える場合、自然界のあり方が参考になると思います。水質が変わると魚が死ぬように、環境と個体の間には根深い関係があります。そういう生態学的なイメージで、街区の環境と活動を捉えていくのです。

ハワードの同時代にパトリック・ゲデスという都市計画家がいます。彼は生物学者だったといわれますが、厳密には生態学者というべき人です。つまり都市の発達や衰退を生き物のように捉えるわけですが、ただし個体と環境を切り離す解剖学的な捉え方ではなくて、個体と環境を切り離さない生態学的な捉え方をします。だから、オスマンのパリ改造のような臓器摘出みたいなことはしてはいけないと主張した。また都市の進化の過程、都市施設の役割や教育的機能について、いろいろ面白いことをいっています。

近代都市計画のつくってきた都市域は、環境の種類としては1種類です。資源様式も技術様式もエネルギー様式もライフスタイルも1種類です。東京でも北京でもニューヨークでも同じ生活をしようというのが近代都市です。計画しやすいという意味では合理的ですが、あまりに種類が少なすぎてリスキーだと思います。化石燃料が高騰したらどうするんだとかです。種類を増やしていった方が長期的には危機が減少します。近代技術だけではなく、近代以前からの在来技術や、近代になかった新技術を使って、ローカルな資源やエネルギー源などを改良しながら種類を増やすことになるでしょう。そうやって少種多量から多種多量に変えていくと、冗長にはなるかもしれませんが、リスキーではなくなります。

# ニューヨーク（2018年）

## 植民地起源のグリッドシティ

ニューヨークの街割といえば格子状のグリッドですが、もとを辿ると近世のスペインに行き着きます。15〜16世紀のスペインは、中南米を含めて世界中に膨大な植民地をもち、効率よく管理する必要があり、16世紀末に「フェリペ二世法」（通称「インディアス法」）と呼ばれる都市計画の基準をつくります。植民都市はすべてグリッドの街にして、中央に広場と役所と教会をつくり、現地のこれとそれをかき集めて本国へ送れという、都市建設から運営までを定めた法律です。グリッドにするとすべての土地の面積が同じになり、徴税や貢納の管理がしやすいのです。中南米のすべての都市、ボゴタ、メキシコシティ、ハバナ等がグリッドなのはそのせいです。北米の都市ももちろん全部グリッドですが、こちらはスペインとの独立戦争に勝ったオランダと、そのオランダに対抗したイギリスが、スペインを真似して整備しました。マンハッタンの場合、17世紀にオランダが最南端の一画にグリッドを敷きますが、英蘭戦争の後はイギリスの領土になり、その後18世紀の英米間の独立戦争を経て、ようやく1811年にいまのグリッドがマンハッタン全域に行き渡ります。ですからこのグリッドには、かつての蘭西、英蘭、米英の覇権争いと独立戦争の結果が集約されています。

マンハッタンの街区の特徴は、60×280m角という極端なサイズです。本来スパニッシュグリッドは100m角~120m角ほどのサイズで、すべての街区に中庭がありましたが、ダッチグリッドやアングログリッドになると、徐々に中庭のようなゆとりを切り捨てます。かわりに道路の密度を上げ、物流をがっちり機能させつつ、建物を高層化する。その極限形がマンハッタンの街並みなんですね。南北道路（アヴェニュー）は280m間隔ですが、東西道路（ストリート）は60m間隔という異様に高い密度でハドソン川とイーストリバーを連携しています。2つの河川沿いにはかつて膨大な港があり、1970年代まで空前絶後の物流拠点・交易拠点として機能しました。

## 経済危機と世界戦争と建築様式

ニューヨークの建築様式にも経済や戦争の影響があります。1928年着工のクライスラービル、1929年着工のエンパイアステートビルは、アールデコ様式の超高層。戦前のマンハッタンのゾーニング法にうまく対応し、当時の富裕層から貧困層までに好まれました。それが1929年の世界恐慌から1939年の第二次世界大戦を境にがらりと変わる。アールデコは装飾過多のバブル建築として嫌悪されるようになり、早くて安い即物的な建築が求められる。それで第二のタイプの超高層が戦後の主流になる。1954年にミース・ファン・デル・ローエが設計したシーグラムビルのような、四角い近代建築様式です。建築様式の変化の背後には、たいてい経済危機や戦争があるのですが、ニューヨークに林立する2種類の超高層は、20世紀の世界恐慌や世界戦争のインパクトの大きさを物語っています。

## モータリゼーションと歩行文化

50〜60年代に生じたモータリゼーション（車社会の到来）は、世界中の都市を一変させましたが、マンハッタンには独自の影響を残しました。その背景には、近年、話題になったロバート・モーゼスとジェイン・ジェイコブズの争いがあります。

モーゼスは土木のマスタービルダーで、当時はマンハッタンのすべての道路、鉄道、河川、港湾を意のままに改変しうる職位にあった。彼はマンハッタンを車社会に適応させようとして、50年代末にマンハッタンに高速道路を貫通させる計画を立てる。これに反対した市民運動のリーダーが、当時グリニッジ・ヴィレッジ在住の主婦兼ライターのジェイコブズです。十数年続いたこの争いは、最終的に市民の側が勝利して、高速道路の計画は白紙に戻されます。これ以降のマンハッタンは、車社会の到来に迎合しなかったほぼ唯一の北米の都市になりました。今日のニューヨーカーは、米国人としては例外的に、街を盛んに歩きます。しかもかなりの速度で歩くのですが、この独自の歩行文化が生き残ったのは、ジェイコブズたちの市民運動のおかげでもあります。

モーゼスの計画は、世界中で実行されていた近代都市計画の常識に基づいています。近代都市計画では、都心と郊外を鋭く区別します。都心にオフィスや商業施設を集中させて、郊外には住居を集中させます（都心であるマンハッタン島に業務街や商業街を集中させ、郊外のニュージャージー辺りに住宅街を整備する）。マンハッタンの古い住人には立ち退いてもらって、かわりに道路や地下鉄を延長して、郊外から車や電車で通勤すればよいと考える。当時の西側工業国では日本も含めてこの考え方を採用して、都心と郊外を整備しました。

これに対してジェイコブズは、働く場と住む場を混ぜるべきだと主張します。ここが両者の最大の対立点です。このどちらの考え方が豊かな街につながるかといえば、ジェイコブズの方でしょう。GDPやOECDの統計といった経済指標に表れるのはモーゼスの方ですが、都市生活の幸福度や文化的な創造力については、確実にジェイコブズの方が上だと思います。

## 異種交配する街

ジェイコブズが住んでいたグリニッジ・ヴィレッジは、マンハッタンでもっとも古い南端部のエリアにあります。周囲にリトルイタリーやチャイナタウンがあり、橋を渡るとブルックリン。どの隣人も言語や人種や習慣が違うという、真にインターナショナルな生活圏でした。低所得でも暮らせるエリアだったので、移民やアーティストも集まった。ボブ・ディランは7回家出して、7回ともここヴィレッジに来ましたね。前衛美術やビート派の作家も集まった。ところが郊外住宅地の場合、同じ人種、同じ年収、同じ世代だけを集めて分譲しますから、グリニッジ・ヴィレッジのような文化的な異種交配は起こらない。

ジェイコブズはもうひとつ、古い建物を建て替えるな、といっています。建て替えると家賃が高額になり、潤沢な資金をもった全国チェーンの店しか街になくなると。資金はないが新しいアイデアをもった若者やヨソ者が、面白い店やスタジオを開けなくなると。そうなれば街の生命力は一気に失われてしまうと。つまり街の活動をよくするには、ハードはボロいままでいいと考える。これは卓見ですね。

## NYの危機と再生

ニューヨーク市は1975年に一度、財政破綻します。警官の人数からゴミの収集までの予算が削られ、当時のマンハッタンの治安や環境は荒廃しました。それが90年代のジュリアーニ市長時代から再生していきますが、本当に面白くなるのは2008年のリーマンショック以降、つまりいまかもしれません。2009年に古い貨物線の跡地を空中庭園にしたハイラインがオープンし、近年はブルックリンにシティファームや自然食店などが増えています。前者は使われなくなった鉄道の転用で、当初、2人の無名の若者の募金活動からはじまった。彼らの運動がなければ貨物線は撤去され、どこにでもあるような再開発がなされていたでしょう。後者も古い施設の再利用です。ブルックリンはかつての大田区や川崎市の工場街のようなエリアです。産業の主役はどうしたって移り変わるから、必ず不要となる都市施設やインフラが出てきます。それをオリジナルなかたちで再生するアイデアは、多数派の人間からでなく、ごく少数の人間から出てきます。そういう人物が次から次に現れるのも、ニューヨークという街の実力です。

この島ではあらゆる文化や思想が誕生しました。モダン・ジャズ、マルコムX、抽象表現主義、ビート派、フルクサス、ボブ・ディラン、カサヴェテス……他の米国の都市も見方によっては似たようなグリッドの街なのに、こうしたことは起きていない。いったいなぜでしょう。おそらくマンハッタンの街路と建物の密度の高さが影響していると思います。ロサンゼルスみたいな低密度の車社会の街でなく、ここでは60m間隔に個性の異なる道がぶつかり、どの道にも性質の違う活動が地上200m以上の高さまで集積されている。だからこの街ではあらゆる人とモノと活動の組み合わせがあり、未知の化学反応が起こりやすいといえます。文化や経済や思想は、異質なものとの衝突で磨かれます。ニューヨークという街の創造力の源は、その密度の高さにあるでしょう。

# 西ベルリン・東ベルリン

（２００６年）
聞き手＝槻橋修

東ベルリンとミースのスカイ・スクレイパー

――いままで訪れた海外の都市では、ベルリンが印象に残っているということですが、いつ行かれたのですか。

**西沢**　ちょうどベルリンの壁が崩壊する数週間前で、1989年の秋でした。西ベルリンと東ベルリンが分かれていた最後の頃です。

――ドイツはそれが初めてだったのですか。

**西沢**　東ドイツは初めてでした。東ドイツと西ドイツは、いまの北朝鮮と韓国のように分かれていたわけですけれど、大きく違ったのが、西ベルリンという街の存在でした。西ベルリンは東ドイツの真ん中にポツンと浮かんでいて、西ドイツの本体から切り離されていたでしょう。完全に陸の孤島でね。だから西ベルリンの食料品はすべて空輸されていて、スーパーマーケットに行くと冷凍食品の量がものすごかった。凍ったソーセージがダーッと並んで、消失点の先へ消えていくという感じ（笑）。あるいは、街中にはまだ連合軍が駐留していました。イラクの連合軍じゃなくて第二次世界大戦の連合軍ですけれど（笑）。つまり、当時の西ベルリンは、かなり強引に維持されていたわけです。だけど、近代都市というものは、多かれ少なかれそういうものなのですね。それは東京では実感しにくいけれど、当時のベルリンではあからさまでした。

**――これが当時の地図（図1）ですか。書き込みがたくさんしてありますね。**

**西沢**　ベルリンにはたくさん見るところがありますからね。ひとつマニアックな例を挙げますと、ここにメイン通りのフリードリッヒ・シュトラーセがあって、その脇に、ミースのガラスのスカイ・スクレイパーの計画地が残っている。東ベルリンのこの小さな三角形の土地がそうです。ぼくはこの頃25才だったんだけど、すでにかなりの敷地オタクになっていて、この土地のことがものすごく気になっていたのです。なにしろミースが自分で選んだ敷地ですから。どうしてここを選んだのか、知りたくてね。

図1　当時のベルリンの地図。赤い波線がベルリンの壁と地雷地帯。壁の右側が東ベルリン、左側が西ベルリン。中央に見える三角形がミースの計画地。

三角形の敷地だから三辺あるわけですが、どれも異質な都市環境に面しています。最初の一辺はスプリー河に面していて、この河がなければベルリンもなかったし、ドイツもなかったというようなものに面している。次の一辺はフリードリヒ・シュトラーセに面していて、いわゆる近世のブールバールですが、ブランデンブルグ門につながっているし、いわばベルリンという首都、ないしドイツという国家を表象するようなものに面している。最後の一辺が鉄道の高架に面している。これは完全に近代の産物で、ベルリンであろうがロンドンであろうが浸透していったもので、ミースの好きな近代技術の産物でもあります。この3つは、周辺環境としても異質ですが、歴史性も異なるし、技術段階も異なるし、ある意味ではその都度ベルリンの起源になったようなものなのです。そのようなものが激突する敷地は、ベルリンの中ではここだけです。そういう要所を選んでいるのですね。だからこの土地選びは、かなり深いです（笑）。

それから、もうひとつ現地で確認したいことがあって、ミースのスカイ・スクレイパーには有名なパースがありますよね。教科書に載っているアイレベルのパース。それで、これは誰もいっていないと思うけど、実はあのパースも3つあります。ほとんど同じパースに見えるんだけど、少しずつ違う。

一番有名なのはフリードリッヒ・シュトラーセ側のパースで、次に有名なのが鉄橋側のパース、最後にあまり知られてない河側のパース。ドローイングの手法もそれぞれ違っていて、木炭で描いたもの、コラージュで周辺を表現したもの、ペン画のもの、となっている。

たしかにこの敷地を実際に見てみると、一辺ごとに違う街のように見えるのです。初期のミースの場合、そういうことを表象のレベルまでもっていくわけです。ミースはあまり言説を残さなかった人ですが、実は相当考えている人なのですね。

当時ぼくは、この三角問題について長いこと調べていました。これはそれをまとめたノート（図2）です。

**——これは、すごい分析ですね。**

**西沢**　というか、すごい病気なのかもしれない（笑）。

ベルリンの見所として、またちょっと違う例を挙げますと、当時の東ベルリンの公共空間も面白かった。共産圏の大都

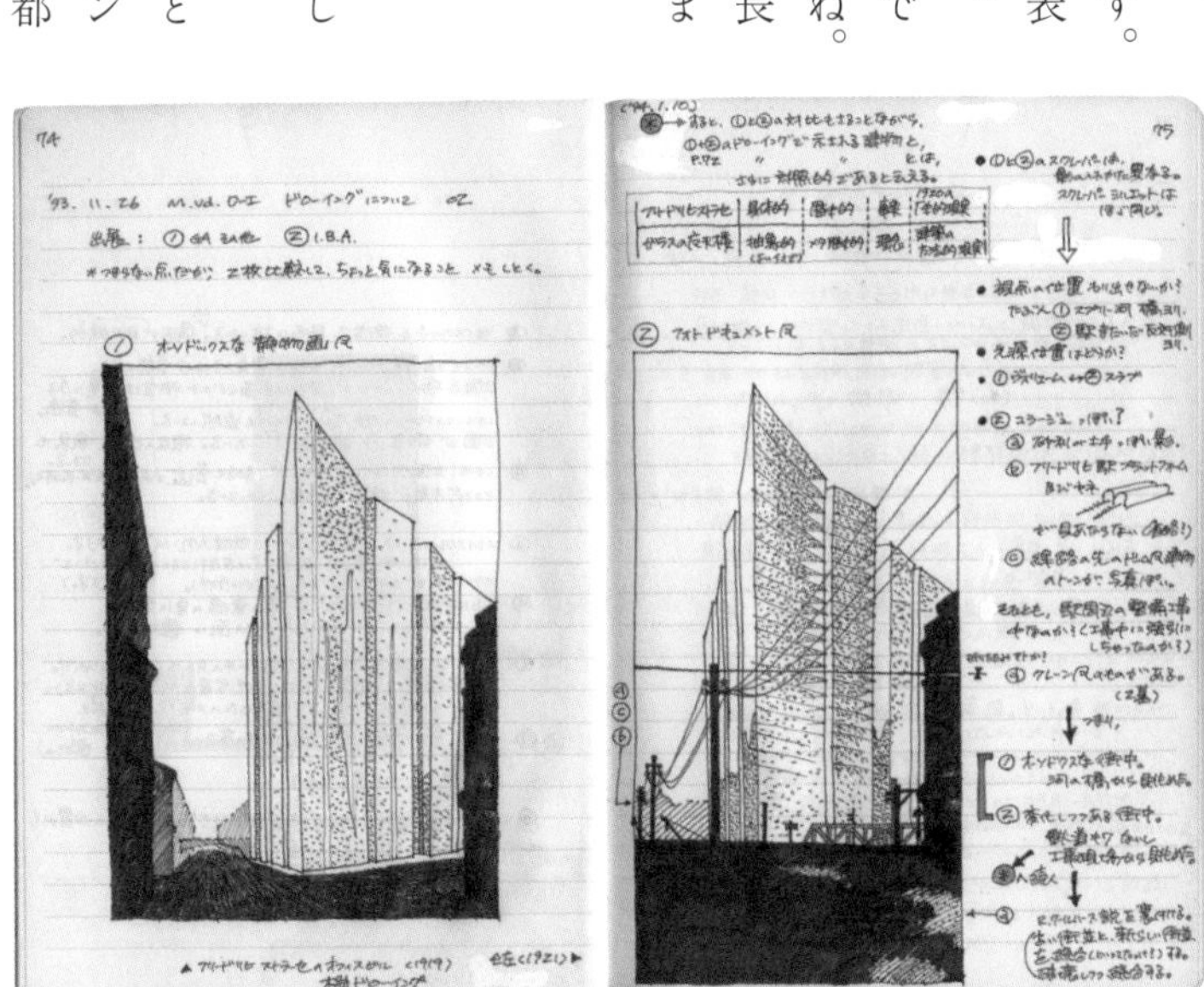


図2　ミースの計画案の分析

市がどんなものだったかというのは、みんな忘れてしまったのではないかな。たとえば、東ベルリンの噴水広場に行くとする。椅子とテーブルが数百組くらい置いてある。だけどなんか変なんですよ。よく見ると、椅子もテーブルも1種類しかないのです。そればかりか、そこにお母さんたちが赤ちゃんを連れて集まっているとすると、乳母車も1種類しかないのです。

──全部同じなんですか。

**西沢** 同じでした。だから、ある意味では美しいのです。ごちゃごちゃしてなくて。自動車もそうでした。駐車場の車も、道を走っている車も、みんなかたちが同じでね。多少の色違いはあったけど、来る車来る車、全部同じなのです。バイクも1種類か2種類しかなくてね。東ベルリンは人口数百万人の大都市で、車もバイクも大量に走っている。だけど種類がほとんどないのです。ぼくはもう、目のくらむような思いで東ベルリンを歩き回りました。

共産主義というのはそういう世界でした。立体の数は多いのに、種類が少ないのが共産主義です。もちろん共産主義の特徴はそれだけではなくて、政治学や社会学でいろいろいわれていると思うけど、こと空間的な特徴をいうと、「立体の種類が少ない」ことに尽きるのです。いまは共産主義国家の都市風景は完全に消滅してしまったけれど、ぼくにとっては忘れがたいです。

実は、初期のモダニストたちの考えをそのまま実現すると、こういう世界になってしまうのではないかと思いました。

## 20世紀建築のオールスター

——図にはたくさんの建築がプロットされていますが、ドイツ建築に思い入れがあったんですか。

**西沢**　いや、冷戦期にベルリンに行くことは、ドイツ建築を見に行くという感じではなかったんです。もちろんベーレンスやタウトやミースの作品がいっぱいあるけれど、コルビュジエやアアルトも大きなものを建てているし、ロッシやクリエ、ホラインやエイブラハム、アイゼンマンやヘイダックなど、みんな建てている。20世紀建築のオールスターキャストです。さらにいえば、ナチス建築だって残っているわけで、マルヒ兄弟の競技場からザーゲビールの空港まで、普通に使われていましたからね。もちろん使っているのはドイツ人じゃなくて、ドイツを倒した連合軍なんですね（笑）。つまりベルリンという街は、左翼から右翼まで、あるいは建築家から軍人まで、もしくはドイツ人から外国人まで、全員が入り乱れてつくったような街でした。その意味では、冷戦期にベルリンに行くことは、20世紀を見に行くという感じがありました。

ところで、建築的にいうと、ベルリンは基本的に集合住宅が多いですよね。戦前のジードルング、戦後のインターバウ、80年代のIBAなど、ずっと建て続けてきています。

**――それはドイツ工作連盟の力でしょうか。**

**西沢**　工作連盟のものもあるし、住宅局も力を入れたのではないかな。タウトも戦前にいっぱい面白い団地を建てている。また戦後になると、西ベルリンでは政治的に正しいことしかできないから、集合住宅に力が入ったのではないかな。いずれにしても、建築家が20世紀に考えた住居のほぼすべてのパターンが、ベルリンでは実際に建てられて、住まわれているのです。ということは、誰の方法がもっとも有効だったのか、比較できるというわけです。それで昔のジードルングからひとつずつ見ていきました。

**――ベルリンでもっとも感動したのはどの作品ですか？**

**西沢**　もっとも衝撃的だったのは、さっきお話した東ベルリンの都市風景だったのですが、西ベルリンの集合住宅に限っていうと、メンデルゾーンの集合住宅のインテリアがよかった。シネマコンプレックス「Ｕｎｉｖｅｒｓｕｍ Ｃｉｎｅｍａ」の後ろに住居棟がくっついていて、その中の一住戸に入りました。外観はいかにも表現主義というもので、たいしたことはない。だけど住戸の室内がよかった。

集合住宅としてはかなり大きなもので、中庭にテニスコートがいくつもあるような、ブルジョワの集合住宅です。それで、住戸のドアを開けると廊下がスパーンと通っていて、その廊下がすごくいい。天井に白い寒冷紗が張られていて、照明が仕込まれていて、きれいな光天井になっている。廊下の両側には居室のドアが並んでいるのですが、ドアを開けた瞬間も印象的でした。ブルジョアの家だから、モダンなインテリアだけじゃなくて、いろんな部屋がある。大きな家族の肖像画がバーンとかかっている部屋とか、猫足の家具だけの応接間とか、石の暖炉がある部屋とか。それを白い廊下から覗くと、すごく映像的なんですね。

**――写真（図3）を見ると、この光天井は西沢さんの作品につながっているような気がしますね（笑）。**

**西沢**　そうですか（笑）。なにしろいい廊下でした。

表現主義については、同時代にオランダのマルト・スタムが痛烈な批判をしていますね。表現主義は戦争成金の産物にすぎない、第一次世界大戦で儲けた連中の成金様式にすぎないと。たしかにそれは事実で、ぼくも89年まではその程度にしか思っていなかったのですが、実際に見てみると、それだけでは片づかない問題があると思いました。むしろ表現主義者た

図3　メンデルゾーンの廊下

ちは、スタムたちのやり方が排除したものを扱おうとしている、と思いました。成金であろうと庶民であろうと、それぞれコンベンショナルな家具や生活品をもっていて、たとえば親族の肖像写真だとか、叔母さんの安楽椅子だとか、おじいさんの壁時計とか、いろんなモノをもっている。そういう雑多なモノがもち込まれてしまうのが、近代以降の住宅の特徴だと思うのです。スタムやブロイヤーのようなモダンファーニチャーだけがもち込まれるわけではないのです。表現主義者たちの場合、施主が保守的な連中だったために、コンベンショナルなものからモダンなものまでを受け入れる方法を、知らずに開発していた面があるのです。ぼくはベルリンでいろんな集合住宅を一挙に見て、初めてそういうことに気づきました。この問題は、いまの建築家も乗り越えていないと思います。

一方で、モダニストの中ではわりとインクルージブな後期コルビュジエの集合住宅もベルリンにあるわけですが、ベルリンのユニテ・ダビタシオンはよくなかった。アアルトたちがやったインターバウから離れたところにあるのですが、マルセイユのユニテ・ダビタシオンの足元にも及ばない。室内も見たのですが、昔の日本の公団みたいでね（笑）。コルビュジエは、スイスで生まれたわりに、寒い地域の生活のよさをイメージできなかったんだな、と思いました。だいたいコルビュジエは、パリより南に行けば行くほどよくなると思うんですね。マルセイユはすごくいいからね。

——マルセイユにはいつ行かれたんですか。

**西沢**　１９９４年かな。マルセイユのユニテには面白いところがいっぱいある。

ひとつだけ、敷地オタクとしていいますと（笑）、これも配置とヴォリュームがすごいです。敷地は大きな四角い土地で、森林公園みたいな場所ですけれど、その公園の上空に巨大な建物がドーンと横断している。建物の向きは、樹木も道路も無視して敷地の対角方向に配置してある。ピロティの高さはものすごく高くて7mくらいあって、木なんてまたげちゃうから関係ないというわけです（笑）。ピロティの下に入っても、建物の影が20mくらい先にバーンと落ちている。ものすごく凶暴なんですね。あれは丹下さんのピロティとはぜんぜん違う。行った人はわかると思いますけれど、とにかくヴォリュームの扱い方がすさまじい。

あの凶暴な感じが、モデュロールなんですね。モデュロールというと、ついつい身体的なスケールをイメージしてしまうけど、モデュロールの真の姿は、巨大なスケールになったときに初めて現れる。マルセイユのユニテの凶暴なスケールが、モデュロールの真の姿です。こういうことは、写真ではわからなかった。

それから、フランスにはマルセイユの他にもよい街がいろいろありますが、ひとつ挙げるとボルドーがおすすめです。田舎街ですが、ジャン・ヌーヴェルのホテル・セントジェームスがある。これは1994年にホテル・セントジェームスに泊まったときの部屋のスケッチ（図4）です。ローコストな仕事ですが、これは名作ですね。

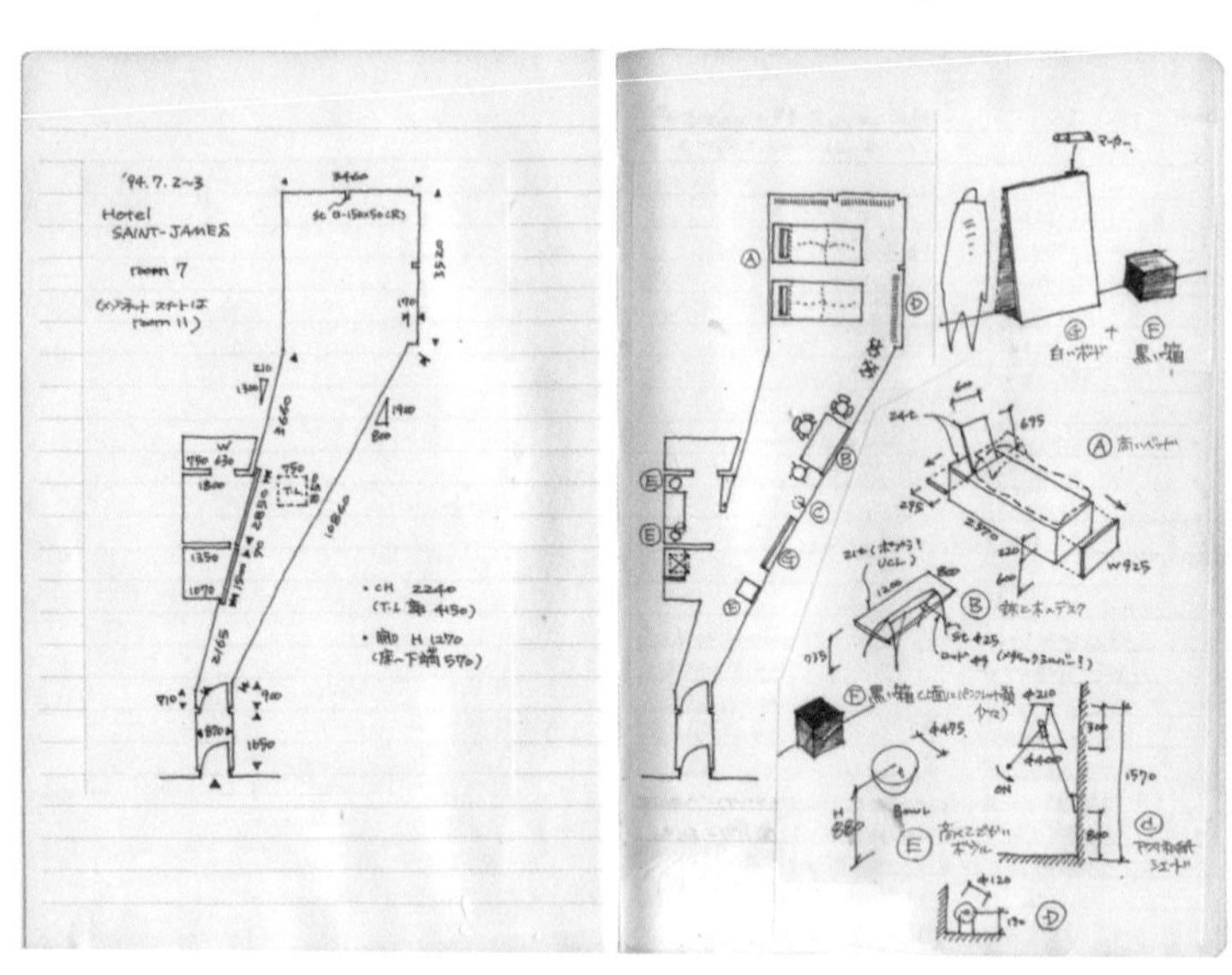


図4　ホテル・セントジェームスの実測

# メガスラム——中南米・アジア・アフリカのスラムに通ったホルヘ・アンソレーナ（2021年）

今回、小嶋一浩賞特別賞を受賞されたホルヘ・アンソレーナ先生ですが、ご病気で来られないことになり、私が代役で人物紹介と活動紹介をさせていただきます。

## 人物紹介

最初に経歴です。アンソレーナ先生は1930年アルゼンチン生まれで、今年91歳になられます。20代の終わりの1959年に来日されて、いまでも日本にお住まいです。ただ、イエスズ会[*1]の神父さん（司祭）でもあるので、特に日本にいるという意識をご本人から感じたことはないです。もともと近代国家よりも古い方々なので（イエスズ会）、アルゼンチンや

＊1　イエスズ会は、16世紀に7人の大学生によって創設。そのうちのひとり、フランシスコ・ザビエルが30代の終わり頃、インド経由で戦国時代の日本に来て、九州や山口で庶民や禅僧と公開討論をしたり、堺や京都を訪問したりして、西洋の知的達成を日本へ伝えた最初の人物になった。と同時に、当時の日本人の知的水準を西洋へ伝えた人物にもなった。よく歴史の教科書に、日本は明治維新でようやく西洋文明を導入したと書いてあるが、実は西洋との知的交流・技術的交流・人的交流は、戦国時代に盛んになされている（西沢）。

日本という国境やナショナリズムに捉われずに人間の活動を見ているような方です。

一般的な意味でのご職業は、１９７０年から99年まで上智大学で専任講師（および助教授）をされています。もともとアルゼンチンで哲学の修士号を取られていて（１９５７年、サン・ミゲル神学院）、来日してから上智大学で神学の修士号を取られています（１９６８年）。その後、建築へ転向されて、東京大学の吉武泰水研究室[*2]（建築計画分野）で修士号と博士号を取られます（70年と73年）。ですからその時点では建築計画学者ですね。

当時（60~70年代初頭）は日本中で近代建築が盛んで、吉武研も筑波大学のマスタープランをしていたため、アンソレーナ先生もその計画チームのおひとりでした。ただし、吉武研を出られてから、近代建築から距離を置くような活動をはじめられます。

１９７３~２０１９年までの50年近くの間、毎年、１年の半分近くを費やしてアジアや中南米等のメガスラムを定期的に訪問し、貧者のための低コストな居住施設の建設アドバイザーとして活動されるようになります。日本の建築計画者の中では唯一のイエスズ会の司祭であり、どの国でも市民目線のアドバイザーとして草の根からの居住権運動（スラム改善運動）を続けてこられました。その活動が小嶋賞特別賞の対象です。

その過程で１９８８年にＡＣＨＲ（アジア居住圏連合）という大きなインターナショナルな組織——アジア各国でスラム改善運動をしている人びととの連合組織——の創設にかかわったり、１９９７年からＳＥＬＡＶＩＰ（中南米アジア低所得者集合住宅サービス）という中南米とアジアのスラムを連携する団体の代表も務められました。

ちなみに家系的には、アルゼンチン出身のチェ・ゲバラという革命家がいますが——キューバ革命をカストロと一緒にやった若いお医者さんですね[*3]——、彼はアンソレーナ先生のハトコです（おばあさん同士が姉妹）。子どもの頃からずっと仲良しだったそうです。

近代建築から世界中のメガスラムへ関心を移されたきっかけは、マザー・テレサの活動を見たからだと思います。ご存じない方のためにいうと、マザー・テレサは東欧出身のカトリックのシスターで、戦前からインドのカルカッタで教師をしていましたが、戦後になって独自の活動をはじめます。インドには前近代の身分制度（カースト制）が残っているので、生まれた身分によっては病気になっても医師の治療を受けられず、死んでも遺体が路上でゴミのように放置されたりします。彼女はそれを見て、道端で死にかけてる人がいたら連れて

＊2　日本の「建築計画学の開祖」といってよい吉武泰水先生。吉武研でのアンソレーナ先生の学位論文は、大学の起源論（12〜13世紀のパリでどのように知的階級＝大学生が発生したのかを、計画論的に跡づけた研究）。イエスズ会はその数世紀後に、パリ大学の学生寮でロヨラやザビエルがはじめた宗教運動だったという意味では、イエスズ会の起源の研究でもある（西沢）。

＊3　アンソレーナ先生がゲバラについてあまり公言されなかった理由は、ゲバラのことを世界中が誤解していると感じていたからではないかと思われる。一般に1960年代末頃から、左翼の側も右翼の側も、ゲバラのことを過激なヒーローのように、あるいは暴力的な危険人物のように喧伝してきたが、アンソレーナ先生の思い出に出てくるゲバラはそうではなく、物静かで思慮深い人柄を示すエピソードが多かった（西沢）。

きて治療する、亡くなっていたらお祈りして葬るというように、最後まで人間として扱うという活動をしました。のちにノーベル平和賞をもらっています。

アンソレーナ先生は1973年に博士号を取った後、イエズス会の集まりでドイツに行ったとき、初めて彼女の噂を耳にしたそうです。それは「衝撃的なニュースだった」そうで、すぐにカルカッタに出かけて1か月くらい滞在したそうです。現地で貧者や病人の亡くなる様子を毎日見るうちに、「近代建築の方法ではこの人たちには何の助けにもならない」と思ったそうです。このカルカッタ訪問の後に、世界中のメガスラムへ通うようになります。そして76年にイエズス会の次の集まりがフィリピンであったとき、アジアのスラム問題の担当者になります。

## アジアのスラム改善にかかわった人たち

アンソレーナ先生の仕事仲間のような方々——70～80年代にアジアのスラム改善にかかわった人たち——を紹介します。

1人目は、ソール・アリンスキーというアクティビスト（社会運動家）です。20世紀のアメリカの公民権運動や市民運動に出てくる人物のうち、キング牧師やマルコムXについてはみなさん聞いたことがあると思いますが、アリンスキーというのも重要な人物で、アメリカの政治史（社会運動史）を勉強すると必ず出てきます。彼は黒人でなくロシア系ユダヤ人で、富裕層ではなく労働者階級出身なので、シカゴのワーキングプア（黒人から白人まで）のために活動しました。ただし、工場占拠とか武装闘争といった非合法活動をするのではなくて、普通に生活しているだけで抵抗運動になってしまうという、非常にオリジナルな運動を発明した人です。

たとえば、シカゴ市がゴミ収集の予算を削り、労働者街のゴミ置場が1か所に集約されたとする。となると、普通は路上がゴミだらけになるか、住民が隣の街のゴミ置場に捨てに行ったりしますが、アリンスキーが住民たちに助言をして、あくまで市が指定した1か所に、すべての住民がすべてのゴミを毎日持ち寄ることにする。

すると、数日で巨大なゴミの山が出現しますが、それが崩れたり散逸しないように、住民が交代で見張り役をしたり、崩れたら山に戻して路上を清掃したりする。あくまで市のゴミ収集に協力する、という姿勢を崩さない。そうこうするうちに、この尋常ならざるゴミの山が新聞やテレビに取り上げられ、見学に来る者も現れ、最後はシカゴ市がゴミ置場を増やさざるを得なくなる、というような運動です。

他にも、公共トイレが足りない場合に、全住民が1か所の公共トイレを使うことにして、トイレの前に連日長い行列をつくるとか、行列の順番待ち寝泊まりする住民まで出てきたりして、市が2つめのトイレをつくるまで続ける、という運動などです。見方によっては、自治体や政府を小バカにしているように見えなくもないですが、60年代風の対決型の抗議運動ではなくて、生活型の集団行動をするわけですね。あくまで自分たちの生活状況を「見える化」するために集団行動を行う。アリンスキーによれば、こうした集団行動を続けると、住民の中からゴミ山の当番をまとめる人物が出てきたり、トイレの順番をまとめる人物が出てきて、「コミュニティ・オーガナイズ」が自生的になされるという。とても独創的なアイデアで、彼自身もお弟子さんを何名も育てて、うち2人がアジアのスラムに来て、アリンスキー流の運動方法を伝えています（韓国、フィリピン）。

2人目は、ジョン・ターナー。彼はイギリスの建築家で、50年代末に南米のペルーに渡り、スラム街の人びとが建物から街までをセルフビルドしているのを見て衝撃を受け、その後60年代末まで現地の集団建設にかかわりました。当時の西側諸国では、近代都市と近代建築が盛んに建設されていましたが、それらが実現されるにつれて、その弊害も現れつつありました。ゆえに60年代にはさまざまなかたちで近代都市計画批判や近代建築懐疑論が登場することになり、たとえばバーナード・ルドルフスキーが「建築家なしの建築」といったり、ジェイコブズが「ミクストユース」といったり、アレグザンダーが「都市はツリーではない」とか「デザインサーベイ」といったのと並行して、ターナーは「FREEDOM to build」ということをいいます。

これは荒っぽくいうと「建物や街は建設産業に任せるのでなく、素人集団が自力建設した方がよい。それが可能になるように建物の工法や設計手法を改良した方がよい」という考え方。これがのちに、一方では国連の人権概念に影響を与えたり（居住権）、他方では「Building Together」といい直されて、アジアのスラム改善運動に影響を与えました（タイ、インドネシア）。

3人目は、クリストファー・アレグザンダー。建築界ではあまりいわれませんが、彼も「スラムについて研究していた」とアンソレーナ先生から聞きました。60年代にアレグザンダーのパートナーだった女性がメキシコ人だったそうで、「彼は学生たちを連れてメキシコのスラムによく通っていた」、「アジアのスラムも何度かサーベイした」そうです。たしかにいわれてみると、アレグザンダーが行ったさまざまな仕事――「形の合成に関するノート」「都市はツリーではない」「パターン・ランゲージ」「オレゴン大の実験」など――にはひとつだけ共通点があり、いわば「上位計画なしで下から生成してくる空間的な事象」に対する知的関心が共通しています。そういう人は、中南米だけでなくアジアのスラムに来たとしても不思議ではないです（韓国、フィリピンほか）。

最後に、ムハマド・ユヌス。彼はグラミン銀行の総裁で、「マイクロクレジット（無担保小口融資）」をはじめた人です。のちにノーベル平和賞をもらったので、ご存知の方は多いでしょう。ただ、マイクロクレジットがスラムをどのように変えたのかについては、あまり知られていないと思いますので、のちほど紹介します。マイクロクレジットは、もともとスラムの住民のために考案された金融手法です。特に女性と子どものために考案されたことが重要です（バングラディッシュ）。

## 活動紹介・事例紹介

アンソレーナ先生が活動した場所は、アジア・中南米・アフリカのスラム（またはメガスラム）です。これらに毎年出かけて、その空間的な課題にアドバイスをしたり、コンサルをしたり、ファシリテートをされてきました。「そういうことに困っているならこういう人がいるよ」とジョン・ターナーを連れて行ったり、「こういう運動をすれば自治体が予算をつけてくれますよ」とアリンスキーのお弟子さんたちを紹介したり、あるいは「隣の国ではこんな融資の方法をしていますよ」と小口融資の手法を教えてあげる、という活動です。

いまでは忘れられていますが、60～70年代のアジアでは、日本とインドを除くと、どの国も軍事独裁政権でした。どの国でも女性参政権どころか普通選挙もしてないし、司法制度も機能してなくて、軍部が人権派や左翼を弾圧していました。となると、スラムの住民の権利を主張する者がいなくなり、市民生活は悪化する一方でした。

ところが宗教関係者だけは、スラムの住民のために活動しても、軍部の弾圧を受けにくかったんですね。世界宗教（仏教、キリスト教、イスラム教）は軍部よりも古くから人びとの生活に浸透していて、軍部よりも信頼されていたので、弾圧できなかったわけです。アンソレーナ先生の回想によると、「70年代のアジアでは、どの国の軍部も、宗教関係者をちょっと怖がっていました。人権派や左翼の方々は、宗教関係者の傘の下で活動していました」とのことです。

アンソレーナ先生がかかわったプロジェクトのうち、代表的な5つの事例をお見せします。どれもスラム街の住民が独自にはじめたという意味で、ボトムアップ型の市民事業です。

## 例1　オランギ・パイロットプロジェクト（パキスタン）

ひとつめは、「土木」の市民事業です。場所はパキスタンのカラチで、「オランギ・パイロット・プロジェクト（ＯＰＰ）」という有名な下水道整備です（インフラ整備）。

多くのスラムがそうですが、カラチのスラムにも下水道がなかったんですね。トイレやキッチンの排水ができなくて、長らく不衛生な生活でした。それで１９８０年に住民たちが少額ずつ出し合って、自分たちで下水道をつくろうじゃないか、という話になる。ただ、全

図1　本管

図2　本管

図3　分岐管

図4　OPPのメンバー

体の経路や流量計算、あるいは配管の水勾配やジョイント等の専門的なことがわからないので、相談をもち込んだ相手がハーン博士とパラウィン・ラーマンの2人です。

スラム街の中は路地に沿って下水管を埋設するとしても、最後はスラム街の外の本管へ合流させて、合併浄化槽か下水処理場へつなげないと意味がないわけですが、本管を整備するだけのお金がない。それでハーン博士とパラウィンが自治体に交渉して、本管は税金から出してもらう、ただし工事はスラムの人たちが行う、という協力体制でやることになる。その過程で、OPPの住民たちがNGOを組織して、自治体との間で強力なパートナーシップが生まれたんですね。自治体と中央政府よりも強いつながりが自治体と住民の間に生まれた。ですからこの下水道整備は、土木としては稀有な、ボトムアップ型の市民事業です。図1・2が自治体がお金を出した本管で、共同溝のような巨体さです。図3はその本管へ合流している分岐管で、これがスラム街の個々の路地の下に埋設されています。図4は、この市民事業にかかわったOPPのメンバーたちで、アンソレーナ先生が真ん中に立っておられます。

## 例2　グラミン銀行のプレハブ住宅（バングラデシュ）

2つめの事例は建築物で、「居住施設」の市民事業。グラミン銀行は、1983年からスラム街の住宅に融資をしています。プレハブ住宅を生産していて、無担保小口融資の対象にしていて、すでにバングラデシュ国内で70万棟を建設しています。

どんなプレハブ住宅かというと、簡易PCの柱と、トタン屋根と、トイレがあるという、平屋のキャノピーみたいなプレハブ住宅です。スケルトン状態なので、壁や建具については住民たちがセルフビルドをする、という想定です。

図5は、壁体を竹と葦簀で編み上げた例です。住宅の広さは約20m²で、値段は1棟あたり300USドル、つまり約3万円です。住み手は毎月500円〜1000円くらいを返済して、4〜5年で完済します。このプレハブ住宅、誰か日本へ輸入してくれないものかと、僕は常々思っています。

図5　グラミン銀行のプレハブ住宅

図6　ユヌス（左）と融資を受けた女性たち

図6は、住宅の中で談笑しているユヌスと、融資を受けた女性たち。グラミン銀行は必ず借り手の女性に、親しい友人や親戚を立ち合うことを条件に、無担保の融資を実行します。返済可能な額だし、友人や親族の前で返済を誓うので、借り手は一生懸命返すことになる。もし返せないと、借り手は友人や親族との相互扶助——子育ての協力や仕事の紹介など——を得られなくなり、本当に生きていけなくなるからです。だからマイクロクレジットの回収率は世界中のどの銀行よりも高く、90%

超に達します。そこまで計算して貸し付けているという意味では、マイクロクレジットにもいやらしい面がなくはないですが、一応Ｗｉｎ－Ｗｉｎの関係になっています。

## 例3　複合市民トイレ（インド）

3つめの事例も建築物で、「公共施設」の市民事業。場所はインドのムンバイですが、日本語の紹介記事を見たことがないので、とりあえず「複合市民トイレ」と訳しました。いわゆる日本の公衆トイレの概念には収まらない施設です。

ムンバイのスラムにも長らくトイレがなかったんですが、政府は90年代後半から国際世論に押されて――インドは経済力のわりに不衛生すぎる等の世論に押されて――スラム住民50名につき1個の便器の予算をつけました。それで基本計画事業を入札にかけたところ、スラム街の女性たちが集団でやってきて、落札してしまった。なにしろ作業費も調査費も格安で、中抜きも0円で、工事費も相場の1／10くらいだったと思います。その安くなった分で、もっとたくさんトイレを建設しましょう、と提案した。

窓口の自治体は驚いたと思いますが、でも「意外といいかもしれない、彼女たちにやらしてみようよ」となった。やらせてみたら計画どころか設計もやって、監理もやって、最終的に運営までやることになった。実現したのは合計３３６棟、便器数にして計７０００個です

図7　ムンバイのスラム

（男性・女性・子ども用を含む）。運営については常駐の管理人を1棟につき1名ずつ雇って、各世帯が月に20ルピー、60USセントずつ支払って維持しています。

図7は、彼女たちの住むムンバイのスラムです。気候風土によってスラムもずいぶん違いますが、ムンバイのスラムには硬い素材が少ないです。高さは平屋建てか、たまに一部ロフト階がある。図8は落札した女性たちが会議している様子。図9は竣工した336棟のトイレのうち、典型的と思われる3例です。

彼女たちが設計したトイレは、だいたい3階建てなんですね（なかには3階をキャノピー付き屋上テラスにした例もある）。用途は1階が公衆トイレ、2階が集会所、3階がゲストハウス（ないしペントハウス

図8　設計・監理・運営を行った女性たちの会議

とキャノピー付きテラス）。1階にはトイレの管理人が常駐していて、2階には誰かが集会をしていて、3階には夜間に誰かが寝泊りして、24時間体制で無人施設にならないようにするという、3層構成です（RC造）。

なぜ彼女たちがこんなトイレを考えたかというと、もともとトイレというのは女性にとって身体上、また子育て上、男性に比して重要な場所になるという事情があります。特にインドでは、身分によっては命の危険に晒される場所になるし、子連れで行ったりすれば二重に三重に危険です。いままでは知り合いの女性に付き添ってもらうなどして、見張り付きで用を足してきたんですが、ただし本来なら、真に安全なトイレをつくりさえすれば、命の危険もなくなるし、知り合いの付き添いも不要になるし、子どもに付き添うことも不要になります。するとその分だけ、女性も子どもも自由に行動できるようになります。つまり彼女たちは、やや大袈裟にいうと、女性と子どもの自由と人権を実現するために、これらの「複合市民トイレ」を考案したわけです。彼女たちが自由や人権といった用語を知っているかわかりませんが、それに近い思想を抱いていないと、公衆トイレがこのようになることはないです。

この「複合市民トイレ」は、建築作品としてよりも、建築型として記憶に値すると思います。もちろん造形やプログラムもやけにパワフルで、面白いところがないではない。でも、真に重要なのはこの3層の建築型であり、それがスラム街に点在しているありさまです。ほぼ平屋だ

図9　複合市民トイレ

けが延々と続くスラム街の景観の中で、この3層のヴォリュームが小さなお城のようにあちこちに点在しています。この3層の空間だけが、女性や子どもにとって安全な場所であり、そこに逃げ込めばカーストの制約から逃れて、安寧を得られる場所になっている。昔の言葉でいえば、中世の「アジール」のような空間をつくろうとしたのだと、いえなくもないです。18世紀のイギリスにはじまる世界中のスラムの歴史の中で、336か所もの「アジール」を擁するようになったのは、ムンバイのスラムだけです。非常に鮮やかな仕事だと思います。

## 例4 Know Your City（南アフリカ）

4つめの事例は、スラム全体が一種の仕事場や訓練所のように変化していく、というお話です。場所は南アフリカで、「Know Your City」と呼ばれる運動です。ほぼ偶然からはじまったんですが、ほとんど前人未到の運動です。

1996年に南アフリカでSDI（国際スラム居住者連盟、本部はケープタウン）という団体が発足しますが、そのSDIの若いメンバーたち——99％はスラムの住民です——は、90年代末から自分たちの住んでるスラム街を内部調査するようになるんですね。それが思わぬ効果を波及させていくことになります。

どの国のスラムもそうですが、部外者はスラム街の住居の中には入れないです。特に行政や業者の人間は入れない。だから、たとえばケープタウンのスラム人口は何人なのか、住居面積は何$m^2$なのかなど、よくわからなかったんですね。ところがＳＤＩの若者たちはスラム出身で隅々まで入り込めるから、その気になれば住民数や住戸面積をキッチリ調べることができる。そういう調査を自分たちがすれば、行政に売れるのではないか、とＳＤＩの若者たちが気づくんですね。行政にとっては住民台帳や職業分類などを作成できて、効果的な政策立案ができるようになるからです。ちょうど90年代末から南アフリカは、ＢＲＩＣＳの一員として世界中から注目されるようになり、効果的なスラム政策を行う必要に迫られていました。それ以前のスラム政策は住民数もわからずドンブリ勘定でやっていたので、何の効果もなかった。それで行政はＳＤＩの若者たちに、まず調査業務を発注します。

図10は、ＳＤＩによる調査の様子です。世帯の区別・分類をして——核家族か二世帯か、職業は何かなど——家族の人数と住戸面積を調べて、地図を作成する。ＳＤＩの若者たちが相手なら、どの住民も家の中を見せるし、事実も伝えます。その結果、「実は政府の想定人数の10倍の人たちが住んでますよ」とか、「もっと住環境は劣悪ですよ」ということが明らかになって、的確な政策立案につながった、という変化がまず生じます。

それに続いて、調査結果の活かし方、つまり「予算をそんなことに使わないでこっちに使え」といった交渉を、ＳＤＩが市長と行うようになった。そして、スラム街の住宅の建て替え事業が行われて、ようやくコンテナ住宅街になるところまできた（図11）。この運動は南アフリカからはじまって、ナミビア、ケニア、ウガンダなどのSDI加盟国でも行われました。

ここまでの流れは、スラムの住民たちが、行政に対するコンサル機能を果たすようになった、という話です。スラムに住んでいるだけで、公共事業（調査業務）を請け負えるようになり、スラム全体が一種のシンクタンクのように機能したわけです。

さらに、SDIの活動が民間事業者にも影響を与えるようになります。ケープタウンのテレビ局のカメラマンで、YouTuberでもあるジェームス・テイラーという人物――図12（上）でひざまずいて機器の説明をしている白人男性――が、SDIの若者たちの噂を聞きつけて、スラム街の家の中を撮影できないか、と考えるんですね。テレビのニュース映像

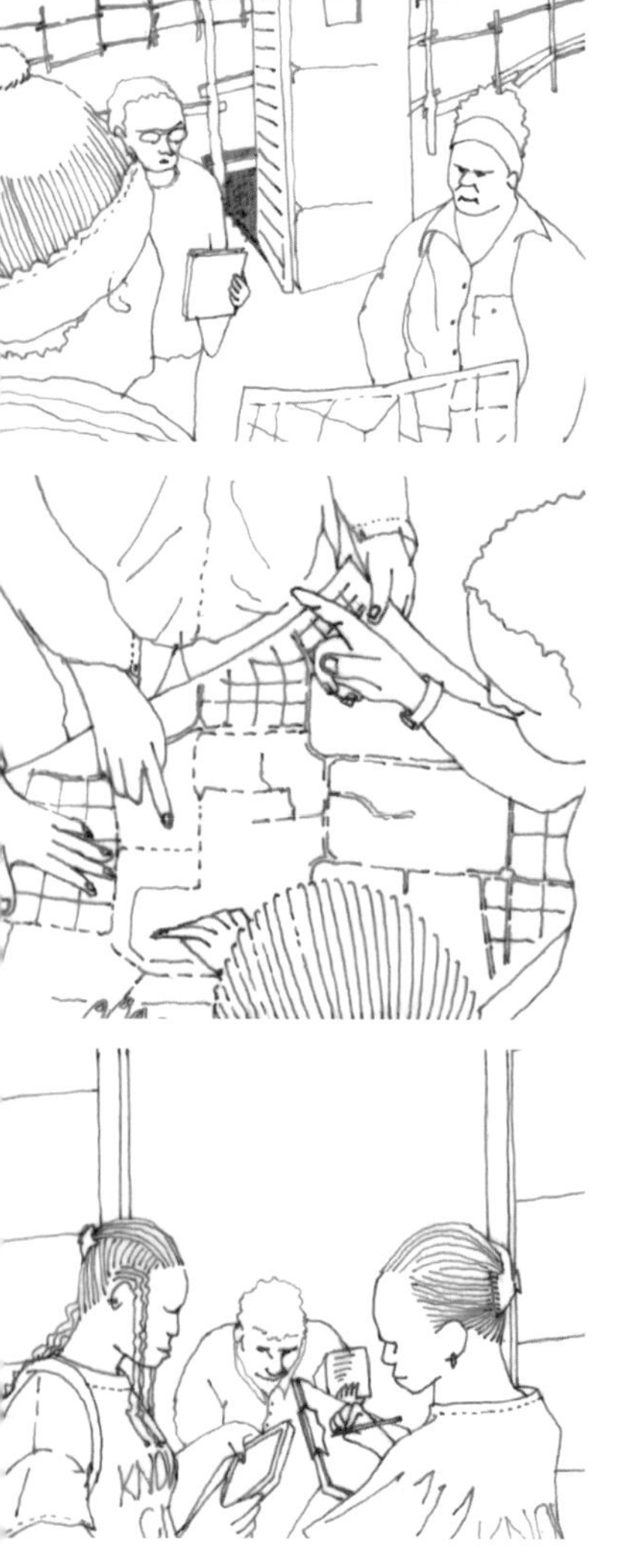

図10　SDIの若者らによる内部調査

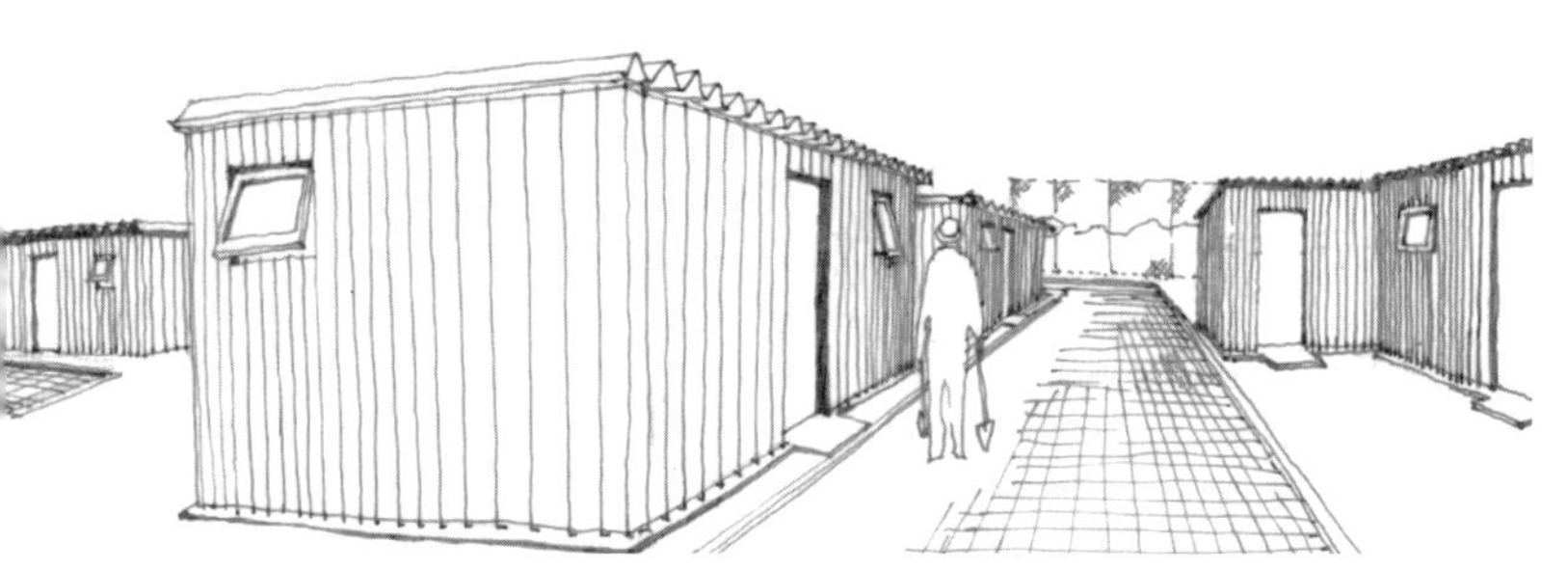

図11　スラム街の住宅建て替え事業（上:内部調査前、下:内部調査後）

にもなるし、YouTubeのネタにもなるから。ただ、彼は部外者だからスラムの家に入り込めないので、SDIの若者に接触して「僕のかわりにこんな映像を撮ってきてくれない？　バイト料はこれくらいでどう？」と相談します。すると若者たちは「ああいいよ」といって、いままでテレビクルーの入ったことのない場所をあっさり撮影してきます。「これはすごい」「もっと撮影してもらいたい」という話になり、SDIの若者たちはカメラの使い方を教わり、録音もやるようになり、機器の接続もやり、編集もやるようになって、だんだん映像能力・編集能力が上達します。

しだいに複数の撮影チームが、貴重なインタビューや映像を自在に制作するようになり、それらが貴重な映像コンテンツになって、スポンサーがついて番組までできる。「メイクメ

図12　SDIの若者らによるスラム街の撮影

ディア・メイクチェンジ」（メディアをつくれ・違いをつくれ）というCMも登場し、オンリーワンの映像をめざそうという機運が生まれて、一大ブームになる。

先ほどの調査業務に続けていうと、いまの例は、スラムに住んでいるだけで映像制作のスキルを習得したわけで、スラムが一種の職業訓練所ないし映画学校のように、機能したわけです。あるいはスラム全体が調査対象・撮影対象として、情報の宝庫になった。調査にしても撮影にしても、自分の街を題材にするという共通点があるため、この一連の運動は「Ｋｎｏｗ Ｙｏｕｒ Ｃｉｔｙ」と呼ばれています。

## 旧型スラムと新型スラムの交差（スウェーデン）

後日談をいうと、「Ｋｎｏｗ Ｙｏｕｒ Ｃｉｔｙ」の運動に北欧のスウェーデン政府が注目します。そしてＳＤＩの若者たちへ招待状を送り、「みなさんの活動をぜひスウェーデン市民に伝えてほしい」といってきます。図13は、ＳＤＩの若者数十名がスウェーデンの郊外ベッドタウンへ行って、ティーチインをしたときの様子です。この場合、なぜスウェーデン（や北欧諸国）だったのかが重要だと思います。

ご存じない方のためにいうと、もともとスラムというのは必ず都市にできます。集落（農漁村）に住めなくなった人びとが仕事を求めて都市に集まり、スラムを形成するからです。

だからスラムの住民は、われわれと同じように賃労働者です。アルバイトやパートや会社勤めなどをして、その賃金で生存物資（食料やエネルギー）を獲得する、という生き方です。

西側諸国にも20世紀前半にはスラムが都市部のあちこちにあったわけですが、その住民たち（やその子孫）は、50〜60年代以降、郊外ベッドタウンやニュータウンへ移住しています。スラムに住んでいた頃から比べると、ずいぶん便利な生活になりましたけど、賃労働が前提になっているという意味では、根本的な変化は生じていないです。

仮に賃労働を永久に続けられるのなら、ニュータウンへ移住した時点で問題解決といってよいでしょう。ただし、逆に続けられなくなった場合は、移住先（ベッドタウンやニュータウン）が、新しいタイプのスラムへ変貌することになります（新型スラム）。

「新型スラム」というのは私の造語ですが、一言でいうと、「ベッドタウンやニュータウンが賃労働のできない街になる（生活保護の街になる）」という意味です。西側諸国では、もっとも早いイギリスにおいては70年代から、公営住宅街のいくつかが新型スラムに変貌しました。日本ではイギリスほど露骨ではないですが、90年代後半から局所的に新型スラムが現れつつあります。

スウェーデンや北欧諸国の場合、生活保護ではなくＢＩ（ベーシックインカム）を充実させて、新型スラムの拡大を食い止めようとしてきたといえます。ただし、ＢＩよりも家賃の上昇率の方が高いので、ＢＩをもらいながらホームレスになる人びと——路上生活というのも新型スラムの一種です——が増えています。となると、政府としては、市民にＢＩとは別に自力で稼いでもらうしかないですが、新型スラムは昔の旧型スラムと違って、就職や雇用を万人がめざせなくなった時点で発生するという、頭の痛い問題があるのです。現在の西側諸国の多くもそうですが、スウェーデン政府もこれについては打つ手がなく、困っていたわけです。

　おそらくスウェーデン政府は、ＢＩを増額しても展望がないから、市民一人ひとりに新たな仕事を発明してもらうしかない、と考えたと思います。ＳＤＩの若者たちのように知恵を働かして、住んでいる街を題材に仕事を発明してほしいと考えた。たしかにＳＤＩの若者たちは、旧型スラムに住みながら、前例のない仕事を続々と発明してきたわけです。それで彼らをベッドタウンに招待して、啓蒙活動をした。

　以上の後日談は、今後の日本にとっても記憶に値すると思います。

図13　SDIの若者らによるスウェーデンでのティーチイン

## 例5　住民参加型予算（ブラジルほか）

5つめの事例は、スラムからはじまった「政治」の話です。「住民参加型予算」（Ｐａｒｔｉｃｉｐａｔｏｒｙ Ｂｕｄｇｅｔ）と呼ばれる手法で、税金の使い道（公共事業の取捨選択）を住民投票で決める、という政治手法のことです。

これは１９８９年にブラジルのポルト・アレグレではじまり、90年代に中南米全体に瞬く間に広がって、00年代にはアジアやインドやアフリカへ、10年代には北米やＥＵの多くの都市へ伝播しました。すでに世界中で40カ国、合計３０００以上の自治体が、住民参加型予算で公共事業の実行や中止を決めています。日本では唯一、三重県だけが遅まきながら数年前にこの手法を導入しています。

パリ市では、初の女性市長が誕生した２０１４年に住民参加型予算を取り入れました。実際には有権者の知識や民度を上げる必要があるので、テーマ別に4セットも5セットもタウンミーティングをして、半年くらいかけて投票に臨みます。パリ市の投票の結果は、環境問題とホームレス問題に取り組む予算が大幅に割り振られることになりました。欧州が移民問題で揺れていた時期ですが、ネット民が騒ぐほどには移民排斥も監視強化も支持されなかった。「パリ市民は非常にリベラルだね」ということがわかりました。

この住民参加型予算は、日本の多くの自治体ではまだ実現されていないですね。有権者にこの手法を知られたくない政治家や官僚が多いのかもしれません。日本では投票で政治家を選んでいるだけで、公共事業や予算配分については、政治家と官僚に丸投げです。ですが、世界中の3000以上の自治体では「そのやり方ではうまくいくわけないよ」と、20年以上前からいわれています。

もしも日本の自治体の多くが住民参加型予算を同じ頃から採用していたら、東京都のオリンピック開催もなかったでしょうし、原発行政も変わったでしょうし、コロナ政策も変わっていたでしょう。もちろん、日本中で続けられている無意味な大規模再開発や大型公共施設なども減っていたでしょう。住民参加型予算は建築界にも大きくかかわる話です。

最後に申し上げますと、日本の建築界でアンソレーナ先生と同じ1930年生まれという と、槇文彦さんや磯崎新さんたちの世代です。彼らのように近代建築に取り組んだ人びとがいる一方で、アンソレーナ先生のように近代建築では解消できない問題（メガスラムや新型スラムの改善）に取り組む人物を輩出したことは、日本の建築界にとって誇らしいことではないかと思います。日本には16世紀以来の知的蓄積があり、今後もこうした活動をはじめられるだけの自由があります。そのことを建築界の記憶にとどめてほしいと考えて、小嶋一浩賞特別賞をさしあげることになりました。

# 80年代の原広司

（2013年）

聞き手＝南泰裕・天内大樹

## ミースに対する違和感

原広司さんはいまも毎晩、数学書を読みふけっていますね。位相幾何学がお好きのようです。それで5年くらい前に原さんと食事したときに、グリゴリー・ペレルマンの「ポアンカレ予想の解決」について話したことがあります。ポアンカレ予想についてもアメリカでは位相幾何学でアタックされてきたんですけれど、ペレルマンの解決は位相幾何の手法ではなくて、現代代数や解析学の手法だったんですね。僕は幾何と代数の違いにはちょっとこだわりがあったので、「ポアンカレ予想、解かれちゃいましたね。でも幾何学で解かなかったのは事件じゃないですか」と聞いてみた。すると原さんは、「ペレルマンの式のあそこに〈重力〉って出てきただろう」と、具体的な興味をいったんですね。

もちろんあの証明は、僕らには理解するのが難しいです。原さんも全部は理解していないはずです。アメリカの数学者たちがペレルマンを招待したコンフェレンスでも、彼の証明を誰ひとり理解できなかったそうです。ただ、原さんの興味についてひとつだけわかったのは、ペレルマンの証明のハイブリッドな性質をいったことです。あれは物理の公式を含めたいろんな解析手法を用いた、ハイブリッドな証明なんですね。それもあってプロの数学者もすぐには理解できなかったようです。

もともと数学の証明には、大まかにいって2つのタイプがあります。ひとつは、見事に簡潔な式の連鎖でできているもので、ほとんど「レス・イズ・モア」といいたくなるような美しい証明のことです。もうひとつは、いろんな種類の式を横断的に駆使していくハイブリッドなものですが、こちらはこちらで、まったく別のタイプの美しい証明になります。これらのうち、原さんの数学に対する関心は、明らかに後者にあるような気がします。いわば数学においても、ミース的なものに抵抗しているという感じがします。もっといえば、ミースに対する原さんの違和感には、もともと数学的な根拠があると思います。

## 『空間〈機能から様相へ〉』について

僕が大学生だったのは1982年から86年までで、原さんの『空間〈機能から様相へ〉』(岩波書店、1987年)の出版も80年代でしたけど、収録されている文章は70年代半ばに書かれたものでした。僕がこの本を読んだ理由は、ちょっと例外的でした。原さんの人柄にあまりに驚いて、本を読んでみようと思ったからです。僕の通っていた東京工業大学には篠原一男がいて、現役の建築家たちを次々に呼んで設計指導をしていただくのですが、そのひとりとして原さんにも2か月くらい指導していただきました。ちょうど原さんが軽井沢の「田崎美術館」(1986年)の設計をはじめられた頃で、それまでの「反射性住居」シリーズのような私的な作品から、公的な施設へ移行しつつあった頃です。実際にお会いしてみると、作品や文章からは予想もつかないような、ものすごく楽天的な方なんですね。なんというか、ありえないくらいに明るいのです。この人の明るさや楽天性はどこから来るんだろうと思って、著書を読みました。

これらの文章が書かれた頃の読者は、いまとは違うように建築書を読んでいたと思うんです。書き手と読み手の間に、ある暗黙の了解があったからです。書き手がモダニズム(近代建築・近代都市)の批判者なのか推進者なのかを、読み手は完全に理解しながら読んでいたんです。

たとえば原さんは、近代建築・近代都市の批判者です。逆に師匠筋の丹下健三さんや高山栄華さんは、もちろん近代建築・近代都市の推進者です。ただし高山さんは近代建築の私的な部分については否定的でした。あるいは、先輩筋の槇文彦さんや磯崎新さんも、近代建築・近代都市の推進者でした。ただし磯崎さんは、近世(ルネサンス)まで含めた人文学的な意味での近代の推進者でした。逆に年下の伊東豊雄さんは、近代建築の批判者です。ただし近代都市には無関心です。でも原さんは、近代建築と近代都市のことを、危なっかしいと思っているわけでしょう。もっといえば、ダメなんじゃないかと思っているかもしれない。このことが腑に落ちないと、『空間〈機能から様相へ〉』は読めないし、『建築に何が可能か』（学芸書林、1967年）も読めない気がします。そればかりか、そもそも20世紀の建築理論も読めなくなるし、本当は建築作品も理解できなくなると思います。このことは、当時はあまりに常識的なことだったので、どんな本にもリテラルに書かれていないため、一応注釈しておきます。

## 「均質空間論」について

この本の中にも「機能から様相へ」という論文がありますが、このタイトルは、要するに「機能主義（近代建築）を超えて」という意味ですね。機能主義の次に出てくるだろう考え方、数百年先になるかもしれないけれども出てくる考え方について論じています（原さんの言葉でいうと「様相」）。

あるいは「均質空間論」という論文は、粗っぽくいいなおすと、「ゼネコン建築論」だといえますね。今日のゼネコン建築は、もとを辿るとミースのオフィス建築に行き着くわけですが、それらを批判的に考察した論文です。ミースのオフィス建築、および今日のゼネコン建築は、たしかに立派なものかもしれないし、不可避的かもしれないが、それで人類史が終わってしまうわけがないだろう、ということが書いてあります。

あるいはまた、「非ず非ず」という論文は、いわゆる50年代の「伝統論」をやりなおしたものだと思います。原さんが20代の頃の日本の建築界で流行っていた「伝統論」は、モダニズムの推進派と反対派の最終決戦みたいなものだったといえますが、その問題をひとりで追求していったのではないかと思うんです。というわけで、この本は、近代建築・近代都市に対する違和感を抱いていないと、読みにくいと思います。

僕の記憶では、近代建築・近代都市に対する違和感は、70年代後半から80年代初頭のあたりでなし崩しになったと思います。ちょうどその頃から、原さんの文章や建築は難解だといわれるようになった。それは、読み手が近代建築に対する違和感を喪失したために、原さんの仕事の動機がわからなくなり、難解だとしかいえなくなったということだと思うんです。でも原さんの仕事はその後も近代建築・近代都市に対するスタンスを一貫させていますから、僕は難解だと思ったことは一度もないです。

とはいえ、「均質空間論」に限っていうと、難解に見えた理由がもうひとつあるかもしれないです。均質空間として挙げられた事例、つまりミースのオフィス建築から今日のゼネコン建築までを、あたかも擁護しているような記述が出てくるからです。なぜそんな記述があるのかというと、原さんは均質空間の出現したプロセスを、論理的に説明しようとしたからでしょう。そこだけナイーヴに読むと、均質空間で歴史が終わるかのように読めるのかもしれないです。もちろん全体をよく読めばそうではないのですが、もしかすると同時代に読んだ人の何割かは誤解したかもしれないです。

均質空間（ゼネコン建築）なるものが、人類にとって考察に値するものだということを、まず論証しなければならないわけです。その論証は、ちょっと面白い方法でなされていたと思います。まずミースは、オフィス建築を対象化した史上初の建築家だとされて、そのような建築家・建築作品が登場した理由を、主に2つの流れから説明していたと思います。歴史の長期的な流れと、短期的な流れの2つです。

長期的には、ルネッサンス以降の数学思想の流れ、つまりデカルトなりライプニッツなりの流れから均質空間という観念には必然性があるとされ、短期的には、20世紀初頭の美学の流れ、つまり未来派なりカンディンスキーなりの流れから、別の意味で必然性があるとされる。この長期と短期の波動の交点に、ミースのオフィス建築の出現が位置づけられる。ちなみに、それを世界中に拡散していったのが、のちのゼネコン建築だとされる。

この論証方法は、歴史家のものではないですね。発想がちょっと数学的だと思うんです。歴史をほとんどグラフ化するように捉えている。それは原さんの思考法を物語っているような気がします。とはいえ、先ほどもいったように、この説明だけを切り取って読むと、ミースで歴史が終わったような誤解が生じてしまう。

## ミースの後の歴史

この論文にとってミースは仮想敵ですからね。ミースを仮想敵にすることは、好き嫌いの問題ではないんです。認識をもっているかどうかです。先ほどいったように長期的なスパンで考えたとき、ミースで歴史が終わるといったことはありえないのです。ミースは人類史にとって通過地点であって、その後も歴史はどうしようもなく続いていくのです。では、どういう方向に進むのか。歴史の流れを解析するしかないんです。どのような流れにおいてミースの登場に必然性があり、ゆえに今後どのような限界を露呈するのかを、好き嫌いを忘れて把握するしかないんです。

さして深く考えずに近代建築を推進している人たちには、均質空間（ミース）がいかに必然的なものかという説明は、できないです。そもそも説明が必要であることにすら気づかない。でも原さんは、均質空間の出現は人類史的な出来事なのだから、解明に値すると考えているわけでしょう。しかもその解明は、均質空間の次にどのような空間が生じるのかを、推理するためです。

だいたい今日の建築家は、みんなミース（均質空間）の没後に建築をやっているのです。

われわれの活動は、後世の人間から見れば、「ミースの次」をめざしていなければ、理解不能になるでしょう。われわれも、数世紀前の建築の枝葉末節部分について、そのように処理しているわけです。だからいまの内輪の好き嫌いだけではダメなんです。長期的で外部的な視点が必要なんです。もちろん長期的・外部的といったって、誰も歴史の終点に立てないわけだから、歴史の流れを外から見ることはできないです。流れの中から流れの方向を把握するしかないんです。

## 様式論ではない建築史

別の観点から説明してみると、「均質空間論」で標的にされている近代建築というのは、様式ではないわけです。水平連続窓がどうのこうのといった様式（スタイル）に因われていると、近代建築の正体を見誤ることになる。近代建築の正体は、その次に出現するものによって初めて明らかになります。だからこの論文にとっての近代建築は、様式としてではなくて、むしろ文明論的な対象として、あるいは人類史的な対象として、捉えられていると考えた方がよいです。

というのも、原さんは若い頃に生田勉の薫陶（くんとう）を受けていて、学生時代からルイス・マンフォードを読んでいたと思うんです。原さんは昔からライトの初期住宅を褒めるわけですが、あれもマンフォードの「ライト論」から来ているような気がします。マンフォードの近代都市論・近代建築論は、完全に人類史的な文明論でした。もちろん原さんはマンフォードみたいに頑固ではないですが、少なくとも近代建築を様式に還元したりはしていないです。

この論文でも近代建築を生産体制から捉えたり、公害問題から捉えたり、支配階級の様式として捉えたりしています。「均質空間」の必然性を確認するためです。もちろん先ほどいった2つの波動、近世数学思想の流れと、近代美学の流れからも、「均質空間」の必然性を確認しています。むしろ気になるのは、そんなにあらゆる角度で必然性を確認してしまったら、ゼネコン建築を乗り超えられなくなってしまうのではないかと、心配になりますけどね（笑）。

## 実作と理論の関係

原さんの実作と理論の関係についていいますと、「均質空間論」の中に、ところどころ面白いセンテンスが出てきます。たとえばミースについての要約です。ミースは機能を放棄したことによって、機能主義者たちがめざしていた空間をあっさり実現した、というようなことが書いてある。面白い認識です。おそらくこれは、設計している最中に出てきた認識ではないかと思います。あるいはこういうセンテンスもある。構成主義についての要約です。構成主義者たちは建築をプライマリーな形態に還元すると主張したが、やればやるほど形態同士の組み合わせのバリエーションを開発していった、とある。とても面白い認識です。これも設計中に気づいたことのはずです。

原さんの論文は、そういうセンテンスをところどころに配置して、それらの説明を間に入れたような構成になっています。個々の認識が論文全体のつなぎ材のようになっている。そういう構成は、個々の認識によほどの自信がないと、できないと思うのです。ではどうしてそれほど自信があるかといえば、設計している最中に出てきた認識だからでしょう。原さんの場合は、そういうかたちで実作と理論の関係があると思います。

実際、原さんと設計していると、そういう箴言みたいな認識を、日常的にいいますね。スタディの節目にそういうことをふっという。その意味で原さんという人は、論理的な人ではなくて、直観的な人だと思います。人間の直観はバカにならないと、考えておられる気がします。だから、論文の書き方が演繹的なのです。結論を論理的に帰納しているのではなくて、最初から結論は見えているのです。論理は読み手の理解のためにくっつけただけであって、もとにあるのは直観的な認識だと思います。

原さんの文章に、よく「一枚のスケッチ」という言葉が出てきます。どんな論理も一枚のスケッチには敵わないというわけです。論理では想定できないような一枚のスケッチを直観的に描けるかどうかが重要だというのですね。なんだか居合の達人のようなことをおっしゃっていますが（笑）、それくらい設計に価値を置いているんですね。

原さんの将棋好きも、そのことと関係していると思うんです。「将棋には展開だけがある」と書いているでしょう。棋譜を見ながら分析することはあっても、将棋は過去を見ていない、未来しか見ていない、展開だけしかないんだ、というわけです。将棋における「次の一手」と建築における「一枚のスケッチ」は、同じことを指していると思います。

## 大学（研究）と事務所（実務）の関係

原さんが大学で都市を研究し、事務所で建築設計をやったという役割分担について、たまに考えることがあります。原さんの事務所の業務上の特徴は、さまざまなビルディング・タイプの建築を設計したことだと思うんです。「京都駅」（1997年）のような巨大なターミナル駅もあれば、「梅田スカイビル」（1993年）のような超高層ビル、さらには「札幌ドーム」（1998年）のようなスタジアム、そのほか美術館や学校も設計されています。普通はそうならないのです。たとえば磯崎さんやリチャード・マイヤーは美術館が多いし、シーザー・ペリは高層ビルばかりというように、ひとつか2つのビルディング・タイプに収斂していきます。

原さんはそうではないので、何か考えがあるんじゃないかと直接たずねたことがあるのです。すると「自分はついにできなかったけど、本当は2000人から5000人くらいの団地をいつかやりたいと思っていた」とおっしゃった。会話の途中で「ついにできなかった」と繰り返されていたので、これは相当昔から考えていたんだなと思いました。「2000人から5000人」というのは近隣住区の規模で、戦後の公団であれ民間のディヴェロッパーであれ、そのクラスターを複数組み合わせることで、数万人のベッドタウンから数十万人のニュータウンまでを整備していったわけです。いまでも世界的にそれしか人口を扱う計画技法はないわけですが、そうした従来の住区とは違うクラスターを実現したかった、という意味だと思います。

もともと原さんは、高山栄華さんと丹下健三さんの立ち上げた都市工の一期生とほぼ同学年で、建築でなく都市工に進んでいても不思議ではなかったと思うのです。さきほどお話に出たアクティビティ・コンタのように、都市現象を解明する新しいアイデアももっておられた。つまり原さんは、基本的に都市の人なのです。都市から建築を捉えているのです。だから事務所の仕事もさまざまな都市施設を手がけることになったのでしょう。本当は都市計画それ自体をめざしておられたと思うんですが、70年代以降の日本の制度では、設計事務所に都市計画が発注されることはありえない。かろうじてありうるのが団地の住区計画です。それを手がけたら、事務所（建築）と大学（都市）の2つの活動が交わることになっただろうし、やりたかったのだと思います。

ちなみに、のちに原さんが大学でやった集落調査は、質的にも量的にも圧倒的だと思います。あの膨大な記録と考察は、近代建築・近代都市への違和感なくしてできるものではないです。だから普通の民間の研究所やコンサルではできないです。それどころか、民間のNGOやジャーナリストさえ二の足を踏むような、紛争地域や占領地域なども集落調査で訪れていますよね。大学という機関の可能性や存在意義について、原さんはすごく考えていたと思います。

## 建築の批評について

僕の学生時代には、少数ですが、独自のパースペクティヴをもった建築家や批評家がいました。「パースペクティヴ」とはつまり、なぜ歴史がこのようになり、今後はどうなるのかを探りながら、現在の出来事を把握させるような長期的な認識、という意味です。あるいは、現在の価値を外側から測定するような外部的な認識、という意味です。もちろん原さんはそうしたパースペクティヴをおもちでした。あるいは、歴史家の稲垣栄三さんも独自のパースペクティヴをおもちでした。さらにいうと、黒沢隆さんも強力なパースペクティヴをもっていたし、八束はじめさんも別のパースペクティヴをもっていました。海外の人もそうです。パノフスキーは強力なパースペクティヴをもっていたし、夭折（ようせつ）したロビン・エバンスも鋭いパースペクティヴをもっていました。そういう人たちの文章をよく読みました。もちろん、そんなことだけ考えていたわけではないのですが、自分のパースペクティヴをもたずに一生をごまかすことはできないと思っていました。パースペクティヴである以上、間違うこともあるでしょうし、間違っても致し方ないと思うんですが、間違えたくないから放棄するというのは、卑怯だと思っていました。建築をつくるなら、これを放棄することはできないと思っていました。

仮に、いまここにパノフスキーが現われたとすると、独自のパースペクティヴをもっていないと話にならないと思うんです。パノフスキーに相づちを打つのではなくて、「お前の意見には一理ある」といわせるには、長期的で外部的な認識が必要だということです。それは知識じゃないのです。パノフスキーの引用や解説をするといった知識は、本人が目の前にいたら意味ないです。意味がなくなるということは、知的な活動ではなかったということです。あるいは、仮に稲垣栄三が目の前に現われたとき、稲垣さんが調査したくなるような建物を示せるのかということです。長期的で外部的な認識をもっていないと、話もしてもらえないと思うんです。そういうことを考えながら、本を読んでいました。というか、そういうことを自分に考えさせるために、本を使いました。さもないと自堕落になってしまうから。なにしろ80年代だったから。

僕が『新建築』に書いた「現代都市のための9か条」は、かつてそうやって先人の文章を読んでいた学生が、その後25年間に起きたこと、とりわけ90年代後半以降に世界的に起きたことを重視して、書いたものです。だから、あの都市論も若い人に読んでもらいたいんですよね。そのためになるべく認識の連続だけにしたいと思っているんです。認識がよければ、長い文章でも読めると思うんですよね。

いまの政治や経済を見れば、アベノミクスが典型ですけれど、恥ずかしいくらいに短期的で内部的な利益誘導ばかりです。誰も長期的な問題を考えず、いまだけ儲かればいいという風潮です。戦争もしちゃおうかなあとか、遺伝子組み換え食品も売りたいなあとか、原発も続けたいなあとか、スパイ国家にしちゃおうかなあ、という風潮。地獄に向かってみんなで笑顔で進んでいるような状況です。

ただ、それは若い人が支持しているのではなくて、僕らのような40〜50代が支持層なわけですよね。また、60〜70代の高齢者が支持層です。資本が本当に切り捨てたいのは僕らです。コストがかかるからです。そして国家が切り捨てたいのは高齢者です。再生産をしないからです。だから切り捨てられないように、息をひそめて昔ながらの体制を支持している。そういう支持層は、近代都市によって再生産されているというのが、僕の意見なんですよね。だから近代都市を部分的にでも変えていかないと、どうにもならないです。近代都市、つまり近代建築や近代産業や近代エネルギー事業や近代農業といったパッケージを、懲りずに続けようとするからこのザマです。仮にどれほどすぐれた政治思想や経済政策が出てきても、都市が近代都市のままならば、同じことになると思います。

僕らが学生の頃には、そういうことを考えさせる文章がいくらもありました。近代都市と近代建築はいかがわしい、という意見に接する機会がありました。そういう意見が消えたんですね。ただそれは、近代都市の欠陥が消えたからでなくて、近代都市が欠陥もろとも量産されていくのを見て、多くの人が意見をいうのを諦めただけです。

おそらく90年代以降に生まれた方々は、世の中の不正や矛盾を、近代都市に結びつけて考えてみるという経験を、ほとんどしていないと思います。でもこの時期に常態化したような〝嫌なこと〟——イジメであれパワハラであれ貧困であれ環境問題であれ——は、近代都市を無意味に続けていることがひとつの原因です。こうした意見は初耳かもしれませんが、頭の片隅に入れておいてください。

# 70年代の磯崎新（2020年）

この特集（『A+U』2020年8月号）は、従来の磯崎新作品集にはない特徴を備えている。

第一に、この特集には1970年代の磯崎作品だけが収録されている。その理由のひとつは、この時代の磯崎作品が選者たちにとっていまでも忘れがたいからだが、もうひとつの理由は、70年代という時代が、ある意味で「現代のはじまり」のような時代だからである。今日の世界を悩ませている政治経済的な問題のほぼすべてが70年代に出揃った、という意味である。たとえば米国発の経済危機は70年代から今日までかたちを変えながら続いており（70年代のニクソンショックと変動為替相場制、00年代以降のリーマンショックと世界同時不況）、その裏面において戦争が公共事業のごとく続けられており（70年代のベトナム戦争と中東戦争、00年代以降のイラク戦争からISIS、シリア空爆ほか）、また環境破壊と公害が企業活動によってもたらされるようになり（70年代の旧G7全体の大気汚染や河川・湖岸汚染、10年代の放射能汚染やGM種子の土壌汚染）、エネルギー問題が市民生活を左右するようになった（70年代の第一次・第二次オイルショック、10年代の温室効果ガス削減や自然再生エネルギーへの移行）。そうしたことの間接的な影響として、70年代の建築界では、近代建築に潜んでいた弱点が実務を通じて次々と明らかになるという、一種の試練の時期を迎えている。たとえば鉄とガラスによる近代建築にとってもっとも不向きなエネルギー設計や断熱材や熱橋の処理、また仕上材や二次部材の位置づけ、そして膨大な二次生産品（既製品）の導入、あるいは施設全体の複雑化・巨大化への対応などに応えねばならないという、新たな実務常識が生じることになった。もちろんこのことも今日までかたちを変えながら続いている。

１９６０年代までの近代建築は、そうした実務常識のなかった時代の産物である。ゆえに60年代に逝去したコルビュジエやミースといった巨匠たちの作品は、コンクリートや鉄骨の躯体アラワシで、断熱材もペアガラスも使われず、仕上材も廉価なトラバーチン程度であり、外部建具から什器まで二次生産品（既製品）をほとんど使用していない。だが70年代に新たな実務常識が形成されるにつれて、そうした作品を額面通りに参照するのは不可能になった。70年代とは、いわば巨匠を規範として仰げなくなった時代のはじまりであり、その点で60年代までとは大きな断絶がある。おそらく当時の建築専門誌を仔細（しさい）に見た者は、この断絶が多くの設計者にとまどいや混乱を与えているのを感じ取るだろう。その一方で、この断絶を見

＊1　「選者たち」とは「磯崎特集号」（『A＋U』２０２０年８月号）を監修した青木淳と西沢大良のこと。本文は、同特集号の巻頭言のうち、西沢による執筆部分を掲載。

事に乗り越えた最初の人物が磯崎新であることを、目の当たりにするだろう。70年代の磯崎作品がその後の現代建築の源泉のひとつになったのはそのためであり、多くの建築家にとって特別な記憶として刻まれているのもそのためである。したがってこの作品集は、60年代と70年代の断絶を乗り越えた作品群として、つまり現代建築のはじまりを告げた作品群として、磯崎建築を特集するものである。

第二に、この磯崎作品集は、ショードローイングのかわりに実施設計図だけを掲載している。従来の磯崎作品集はシルクスクリーンやインキング図面などのショードローイングを収録していて、実施設計図を豊富に掲載したものはひとつもない。もちろんショードローイングは、竣工物件を客観的に説明する際には好都合だが、先述した70年代における実務常識の形成、すなわち60年代との断絶が日増しに増大する最中に設計された作品群として注目する際には、ショードローイングよりも実施設計図の方がふさわしいだろう。ここに収録した図面の数々が示しているように、当時の磯崎作品は実施設計段階のアイデアがきわめて秀逸で、構造や設備の考え方、また工法や材料の選定、あるいは仕上材や細かい納まりに関して、ワクワクするような面白さをもっている。そこに見られる豊富なイメージとアイデアは、単に実務者の興味を引くだけでなく、ほとんど理論的な考察を要求するようなレベルにある。

今日改めて振り返ると、70年代に発表された磯崎理論、たとえば手法論は、一種の実務的なインパクトを秘めていたように思われる。おそらく同時代に手法論の出現を見た者は、それが仕上材や二次部材にロジックを与えるものとして理解できたことを、記憶しているに違いない。あるいは非コルビュジエ的で非ミース的な構成を正当化するものとして応用できたことも、覚えているに違いない。70年代の磯崎理論がユニークなのは、実務家から理論家までを刮目（かつもく）させるような視座を切り拓いたことにあり、また形而上と形而下を貫くようなロジックを提示したことにある。そうした事情を読者に感得してもらいたいと考えて、この作品集ではシルクやインキングのかわりに実施設計図だけを収録している。これらの図面は、いままで公開されてこなかったものであるだけに、今後の実務家から理論家までにとって貴重な資料になるだろう。したがってこの作品集は、実作と理論が分かちがたく鮮烈であった作品群として、磯崎建築を特集するものである。

インタビューにおいては、以上の二点（70年代について、実務と理論について）をめぐって建築家自身の発言を引き出すように心がけた。これらの発言も従来の磯崎作品集に著しく欠けていたものである。実施設計図と合わせて、磯崎作品を理解するためのテキストとなることを、選者としては望んでいる。

# 90年代末の伊東豊雄——せんだいメディアテークについて（2020年）

「せんだいメディアテーク」の設計プロポーザルが開かれたのは、いまから25年前の1995年のことだった。その時点の伊東豊雄による応募案は、斬新でありながらも従来的な評価が可能な作品で（いわゆる鉄とガラスによる透明な近代建築という評価）、ゆえに世界中の多くの専門家からただちに賞賛されることになった。つまり積層されたスラブ、無限定平面のようなプラン、スチールによるシリンダー柱、透明なガラスのファサード、ピロティによる敷地の開放といった、20世紀に開発されたボキャブラリーを自在に変形しながらも駆使していて、近代建築の一種の極限形として、驚きとともに受け入れられたのだった。

だがその6年後、2001年に竣工した「せんだい」は、もちろん6年前と同様に受け取った専門家もいたとはいえ、筆者を含む一部の専門家は6年前とは異なる意味で、驚異的な建築として受け取ることになった。というのもできあがった「せんだい」を訪れてみると、近代建築では実現できなかった光景がそこかしこに生まれていて、近代建築との違いを根本的に認めざるを得なかったからだ。伊東による「せんだい」は、そのようにして建築界を「二度」驚かせた建築である。

このうち二度目の驚きの方が重要である。というのも一度目のそれ（近代建築を極限的に完成させたことの驚き）は、見方を変えれば近代建築の中にまだ発展の余地が残っているということで、そうであるなら専門家にとっては従来の価値観を変える必要もなく、安心して近代建築を続けてよいことになる。だが二度目の驚きはそうではない。それは近代建築だったはずのものから「近代建築ならざるもの」が出現したということの驚きであり、専門家にとって常識の根本を揺さぶられるような、恐怖に近い感情を抱くものになるからだ。だがこの二度目の驚きについては、建築界においてほとんど言語化されたことがない。[*1] そのため以下では、二度目の驚きがどのようなものかについて、２つのことを述べておきたい。

第一に、竣工した「せんだい」は、思い切り簡単にいうと「緑地や草原で見られるような人びとの動きを初めて屋内において実現した建築」だといえる。自然環境で見られる人びとの自由な活動風景が「せんだい」のいくつかのフロアにおいて生起している、という意味で

＊1　過去20年間の建築界では、「せんだい」をあくまで近代建築の圏内で擁護したり批判したりする傾向がある。そうした擁護や批判は、どちらも「せんだい」を一度目の印象に押しとどめ、二度目の驚きに目をつぶるという意味で、同じようなものである。おそらくこの傾向をもたらした原因は、文中で述べた「20世紀に開発されたボキャブラリーの駆使」に加えて、メディアテークという呼称の影響もある（その呼称は設計プロポーザルの募集時からのもので、典型的な近代建築の観念だ）。だがメディアテークやビブリオテークといった１９６０年代風の観念に拘泥しているうちは、「せんだい」の真の姿は見えない。

ある（少なくとも1階・5階・6階・7階において）。このことは、一般の読者にとっては些末な話かもしれないが、建築家にとっては気になる話なのである。というのも自然がつくり出す空間（たとえば緑地）と人間がつくり出す空間（たとえば建築）を比べた場合、同じ空間であるというのに、前者において生じる人びとの自在な活動が、後者においては生じてくれないからである。特に機能主義を掲げた近代建築において、自由な活動というより不自由な活動がしばしば生じるのを目にすることは、建築家にとって屈辱的といいたくなるような事態である。では、なぜ「せんだい」はそれを免れたのか。

　その理由はおそらく、冒頭に挙げた「20世紀に開発されたボキャブラリー」の独自の組み立て方にある。「せんだい」の場合、積層されたスラブの大きさは約50m角で（厚手の鉄板によるフラットスラブ）、それらをチューブ状の柱によって支持しているが（スチールパイプによるシリンダー柱）、そのフロアを歩くと敏感な人なら気づくように、通常のRCスラブのような鈍重な感触ではなく、乾いて硬質な張り詰めた感触があり、新しい水平面のような感覚がつくり出されている。そこにチューブを介して光や風がかすかに降り注ぎ、通常の屋内における自然光の分布に若干の変化が引き起こされる。どのフロアも階高が異なり、天空の見え方や街との距離感も異なるため、通常の屋内よりも視線が遠くに連れ去られることになる。内装や家具もフロアごとに異なるが、閉じた部屋がほとんどないために、廊下や部屋という単位なしでいきなり家具と人間が接触することになる。家具は基本的にフロアの上に散らばっていて、屋内であることを思わせない広大な気積の中にある。
以上の組み立てによって――つまり従来にない床の感触、通常の屋内とは異なる自然光の分布、屋外との距離感や開放感、視線の到達距離と巨大な気積、内装や家具のもつ役割の変化によって――人間の動きに決定的な変化をもたらしたのである。ゆえに屋内空間でありながら、また人工物でありながら、自然環境における人びとの動きを生起させる建築となった。こうして「せんだい」は、近代建築のボキャブラリーを駆使しながらも「近代建築ならざるもの」へと変容することになり、それどころか「建築ならざるもの」へと肉薄してさえいるのである。こうした建築が同時代に出現したことに、専門家は驚いたのである。

第二に、「せんだい」を訪れて驚くのは、この建物が「まるで文化施設というより新しいタイプの福祉施設のようだ」ということだ。福祉施設というのがいいすぎなら、より穏やかに市民施設といっても構わない。この特徴は、長らく市民に親しまれている緑地や川辺が、人びとの生活にとって福祉的な役割を果たすのと似ているだろう。ただし「せんだい」が獲得した福祉性は、もう少し別の事情も加わっている。つまりこの建物の場合、各フロアの用途をマイナーな機能だけにしたこと、特定の文化集団のためのコアな機能を排除したこと、その上で複数のマイナーな機能を同じ強さで積層したことから、新しい福祉性ともいうべき性質が生じてきたと考えられる。特に人びとの自由な活動風景が見られる1階・5階・6

階・7階がそうである。ちなみに、それらの機能は催し物広場（1階）、市民ギャラリー（5階・6階）、そして集会所（7階）である。

これらの機能を一瞥（いちべつ）して胸騒ぎのしない建築家はどうかしている。というのも、建築家がまともに相手にしてこなかった機能ばかりだからだ。たとえば市民ギャラリーなるものは、国内の多くの近代美術館において、もっとも手を抜いて設計されてきた場所である。そこは美術品が展示される企画展示室や常設展示室とは異なり、素人の工芸や絵画が掲示されるマイナーな場所だからであり（新聞社等が夏休み絵画コンクールといった興行を打つための場所）、また欧米の近代美術館にはそうした場所が存在しないからである。ゆえに市民ギャラリーは、一種の美術もどきの場所として、国内の多くの近代美術館にとって鬼子のような存在となってきた。近代建築の常識によれば、市民ギャラリーに集まるような人びとは、美術の知識をもたない文化的弱者ということになるのである。だが「せんだい」においては、その市民ギャラリーが2層にわたって設けられ、広大な面積を占めている。1階や7階においても別の弱者機能（催し物広場、集会所）が広大な面積を占めている。つまりこの建物は、その呼称（メディアテーク）に惑わされないならば、近代の文化施設において弱者と見なされる人びと（文化的弱者、経済的弱者、情報的弱者、身体的弱者等）のために設計されているのである。

ここで直視されるべきことは、この文化的弱者なり情報的弱者なるものが、近代建築の拡大とともに集団形成された人びとだということだ。ちょうど知的弱者（不登校児や学習障害者）が学校建築の拡大の副産物であるのと同じである。したがって「せんだい」が弱者機能ばかり積層して延べ2万$m^2$に達する巨大な複合施設と化したこと、それが未知の福祉施設のような相貌を現したことに、筆者としては無言の近代建築批判を感じずにはいられない。少なくとも、このようなかたちで近代建築に別れを告げる建築を筆者は見たことがない。だから「せんだい」を訪れると、いまでも驚嘆の念を抱くのである。

# 東日本大震災について1 （2011年）

津波がわずか数分で街を消し去った。M9の地震が家屋や校舎や原発を破壊した。死者は1万人を超え、避難生活者は40万人にのぼった。東日本大震災を見て、建築と都市の無力さを思わない設計者はいないだろう。

もともと建築の唯一の敵は自然である。自然の猛威から人間を守ることが建築や都市の存在意義である。だが自然は、瞬時に数千人を葬り去るほど凶暴なのである。M10の地震は発生しないといった証明は不可能だ。自然というのはほとんど狂気の沙汰なのだ。自然の獰猛な殺傷力と、建築と都市の無力さが、これほどあからさまに示されたことはない。

私たち設計者は、いつから盲目になっていたのだろう。私たちは自然の凶暴さには目を閉ざし、「自然にやさしく」などと美辞麗句（びじれいく）を並べてきたのである。あるいは私たちの設計術は、あの津波で消された街々を復活させられるだろうか。前と同じような建物や街を再現したとしても、再び自然に叩きつぶされてしまうのだ。あるいは原発の問題もある。東京という都市がなければ福島に原発はなく、原発問題とは都市問題なのだ。私は都内に住んでおり、罹災（りさい）はしていないが、すでにわがマンションの1／3の住民は放射能を恐れて関西へ避難した。彼らは建築や都市に何の期待もしていない。自分たちを守ってくれると思ったこともない。だが設計者までもがそう考えてしまったら、完全に一貫の終わりだ。設計者は、沈没船に残る船長と同じとはいわないまでも、あるいは被爆しながら原発を修復する技術者と同じとはいわないまでも、この都市と建築の欠陥を見届ける義務がある。

建築と都市は、凶暴な自然の中では生身で生きられない人間が、生存という一点をめざしてつくりあげてきたものだ。それは人類が成し遂げた歴史的労作である。もちろん歴史的労作どころか、歴史的徒労にすぎない可能性もある。ニュースの映像は、建物も街も徒労にすぎないことをこれでもかと映し出す。これほど屈辱的なニュースは見たことがない。歴史的徒労にならないように、建築と都市を改良していくしかない。

# 東日本大震災について2——建築論を読む（2011年）



この寄せ書きの文集は、建築を設計する者たちが東日本大震災の中で何を考えていたのかを、現在の読者でなく未来の読者に向けて証言するものになるだろう。私はあいかわらず余震の続くこの2か月、過去の建築書を読み直している。というより点検している。震災後にも有意味な建築論があるのか知りたいからだ。最近のものから過去のものへと遡っており、いま50年代まで来た。仕事の合間に読んでいるため、緻密に読んだとはとてもいえないが、すでにわかったこともある。20世紀後半の建築論はその名に値しないものであることがわかった。特に70年代以降が無惨である。コンテクスチュアリズム、手法論、ポストモダン、デコンやアイコン、どれも壊滅だ。だが50年代まで遡ると有意味なものが出てくる。たとえばチームXによるモーダリゼーションに関する議論は、その結論はさておき、東北の被災地で自動車による物流依存の脆さが露呈したことを考えると、震災後にもかろうじて読むことができる。

と、ここまで書いてきて、政府による静岡の浜岡原発の停止要請の第一報があった。福島原発と同じ轍を踏まないためだ。この調子で国内の原発54基がすべて停止してくれるなら願ってもないことだ。ぜひともそうあってほしい。だが、すでに開放された放射性物質は消去されずに地球上にとどまる。使用済み燃料やデブリを冷やした汚染水は増え続ける。

いま漠然と感じるのは、この放射能の問題に関しても、過去の建築論に関しても、建築を本当に信じている人がほとんどいないということだ。もちろん放射能は誰でも恐ろしい。道を歩くだけで被爆するようでは建築の出る幕ではないと、誰もがいまでは考えている。だが本当にそうだろうか。素人はそう考えても無理はない。だが建築家までそう思ってしまったら一貫の終わりだ。路上の被爆は阻止できないにせよ、建物の中での被爆は阻止する、そういう建築物を考案する、それが建築家ではないだろうか。どうして建築を信じることができないのか。

過去の建築論を読みなおす中で、ひとつだけ感銘を受けた例がある。バックミンスター・フラーの議論だ。フラーの認識にはほとんど修正がいらない。厳密には修正が必要なのだが、それは当初から修正が必要だった箇所であり、地震や原発は関係がない。私はまだ50年代までのものしか読み直していない。この先30年代や20年代に遡るのが恐ろしい。コルビュジエやミースは生き残ってくれるだろうか。生き残ってほしいが、もしかするとそれも無理かもしれない。

# 東日本大震災について3──軍事技術と民生技術（2014年）

震災から今日までの3年間の日本では、戦争の準備がひたすら押し進められている。戦争？　建築と何の関係がある？　と思われているからそうなるのだ。いまや自分たちの出自が戦争（および交易）にあることを覚えている建築家はほとんどいない。自分たちの活動が戦争をたぐり寄せていることに気づいている建築家もいない。

もともと建築・都市・土木というジャンルの起源は軍事技術にある。古代のローマ建築であれ東アジア建築であれ、築城術・治水術・水道橋・兵站学といった軍事技術に起源をもつ。近世においても日本の城下町は武家の軍事拠点であり、中南米から北米までのグリッドシティも近世スペインの軍事拠点（ならびに交易拠点）である。近代においてもコルビュジエの初期の仕事（ドミノ）と第一次世界大戦、フラーやイームズの仕事と第二次世界大戦は、切っても切れない関係にある。そもそも土木（civil engineering）におけるcivilとは、civilized（民生化）という意味であり、早い話が「軍事技術の民生化」という意味である。建築・都市・土木はいずれも「軍事技術の民生化」としてはじまっている。

ポジティブにいえば、建築や都市はそれ以降、市民向けの「民生技術」になった。ただし、「民生技術」から「軍事技術」へ舞い戻ることは何度か起きている。戦争のあり方が変化するために、そうと知らずに「軍事技術」へ舞い戻るのである。

21世紀の戦争は、19世紀の戦争のように領土や資源をめぐってはじまるのではない。領土紛争や食料危機は他国をののしるために用いられることはあっても、戦争の真の目的になることはない。21世紀の戦争は、いわば禁断の公共事業としてはじまる。すなわち自国（や他国）の議会に特別予算を大盤振る舞いしてもらい、そうすることで企業としての受注を増やし、株主なり銀行なりを喜ばすために戦争がはじまる。これを画策するのはドメスティックな大企業や銀行であったり、グローバルな多国籍企業や金融資本であったりする。すでに第一次世界大戦はアメリカにとって部分的にそうであり、ベトナム戦争は完全にそうだった。

アメリカはベトナム戦争で負けていない、と評されることがある。アメリカの市民（兵士）は悲惨な負け方をしたが、軍産複合体は完勝したからだ。ベトナム戦争という名の公共事業は、世界一のスーパーゼネコンやバイオテック企業の出現をもたらした。どの企業も莫大な公共事業を受注し、15年間の戦争で驚異的な企業成長を成し遂げた。ちょうど過去3年間の日本で、ガレキ処分で莫大な収益をあげたゼネコンや銀行がいたり、巨大な競技場で経営改善を狙う組織事務所やゼネコンがいるのと同じである。しかもそれは、平成不況を脱するというもっともらしいかけ声とともに、あるいは企業の雇用を守るという美名のもとに、戦争とは無縁のもののように進められている。

だが、5000億円の原発を受注しないと生きていけないメーカーや銀行はすでに死んでいるのであり、破綻処理すべきなのだ。1300億円の競技場を受注しないと生きていけないゼネコンや銀行も同様だ。さもないと、彼らはますます巨大な受注を追い求め、禁断の公共事業（青天井の戦時予算）を画策することになる。過去3年間の建築と都市は、そのようにして「民生技術」から「軍事技術」へ舞い戻りつつある。

その結果、もはや公害という言葉でいい表せないような環境破壊（放射能汚染）が広がり、貧困問題（格差社会）も放置されている。もし日本の建築界が正気を取り戻し、21世紀の建築と都市をあくまで市民向けの民生技術として発展させるのなら、「その公害」を解決するためのアイデアを出し、「その貧困」を解決するためのアイデアを出すところからはじめなくてはならない。

# 新型ウイルスについて1——治療的・医療的な建築（2020年）

この文章を書いている2020年4月20日現在、世界の多くの都市で新型コロナウイルスの感染爆発が続いている（現時点の世界の感染者は約330万人、死者は約23万人）。すでに武漢、ミラノやマドリード、ロンドンやニューヨークその他で1か月以上の都市封鎖がなされたが、ウイルスの勢いは衰えていない。新建築5月号掲載の月評でも述べたが、この新型ウイルスの影響は、建築や都市にとって長くて巨大なものになると考えている。仮にいまの新型ウイルス（Sars-Cov-2、ないしその次世代のSars-Cov-3）がG20諸国において致死率10～20%に達するところまで行ったとすると、いまの近代都市と近代建築を根本的に断念せざるを得なくなるだろう。というのもいまから約200年前に、チフスやコレラが近世都市と近世建築を終焉させたという前例があるからだ。

18世紀末から19世紀前半のスラムで生じたチフスやコレラの致死率はすさまじく、ロンドンでは平均寿命が15歳になったという恐るべき街区も現れ、都市が生存不能な場所になってしまうと英国議会で激論されたほどだった。当時は今日のようなロンドン全体の都市封鎖はなかったが、街区封鎖や地区封鎖が至る所で頻発し、にもかかわらずチフスやコレラを根絶できなかった。ゆえに当時の常識をかなぐり捨てた都市改良が模索されるようになり、上下水道を整備してみようとか、住む場所と働く場所を分けてみようというように、近世都市が部分的に少しずつ、近代都市へと変質していった。この長くて巨大な都市改良の最終局面で、近代建築がようやく20世紀初頭に出現するが、それはチフスやコレラの発症から約100年後である。

念のためにいうと、その100年間には医学や細菌学が大きく発展したものの、かくも長くて巨大な集団感染と致死は、施薬や治療だけでは解消できず（当時も医療崩壊に行き着いた）、最終的に都市と建築を改良しないと根絶できないことに、私たちの祖先は想到したのである。この時期に生物学者（パトリック・ゲデス）が都市再生を手がけるようになり、医者（後藤新平）が都市改良を実行するようになったのは、前例のない都市と建築を実現することでチフスやコレラを根絶するためである。それと同じように、現在の新型ウイルスもあまりに多くの感染と致死が続くと、ワクチンや薬だけでは解決できず、前例のない都市と建築を実現することで解消されることになる。

では、どんな建築や都市へ移行するのか。現時点では誰も具体的な姿を示せないと思うが、大まかな方向性なら素描できる。すなわちポスト・ウイルス時代（ないしコントラ・ウイルス時代）においては、生命を脅かされないような生存拠点として、街と建物を再生することになる。また、人が集まることは決して放棄されず、新しい集まり方・生命を脅かされない集まり方・より洗練された集まり方を編み出すことで、前例のない生存施設（住居など）や生存拠点（街）が実現されていくだろう。特に居住施設は、近代住宅のような「住むための機械」ではなくなり、「生き延びるための環境」として追求されることになるだろう。すなわち、そこにいるだけで身体が自ずと修復され、健康と安寧を得られるような治療的・医療的な存在として、新しい居住施設が誕生することになるだろう。

蛇足ながら、筆者は過去10年あまり住宅設計の依頼を断ってきたが、いまや住宅や集合住宅ほど設計してみたい施設はない。住み手と設計者にとってこれほど明らかな共通の問題（ウイルス）が現れたのは、２００年ぶりだからだ。

# 新型ウイルスについて2

（2020年）

聞き手＝藤村龍至・乾久美子

## 感染の歴史からわかること

新型コロナウイルスはいまのところワクチンや施薬がなく、治療方法もほとんどないので、今後も何度か感染拡大や致死率上昇が起きてしまうと思います。その意味で、この話題はどうしても、100年、200年単位の街や住宅の変化を考えざるを得ないです。いまの街や建物（近代都市と近代建築）のつくられ方には、18～19世紀にかけて工業国を苦しめた感染症（主としてチフスやコレラ）を解消するために発達したという側面があり、今回はそれがどこまで有効なのか、真正面から問われているという印象です。

過去100年以上続いてきたわれわれの常識――たとえば上下水道を完備したインフラや、住宅地と業務地を区別するというゾーニングや、機能的な近代建築や近代交通（道路や鉄道）を整備するといった常識――の盲点をつくように、3月頃に近代交通の要である鉄道や船舶が危険視され、空港も港湾も閉鎖され、近代建築の典型であるオフィスや学校が閉鎖される、といったことが世界中で起きました。同時期に厚生労働省が「3密（密集・密室・密接）を避けよ」という指針を市民向けにアナウンスしましたが、あれも聞き方によってはCIAM批判、ないし近代建築批判・近代都市計画批判のように聞こえました。こうしたことが何度も続くと、かくも危険な建物や街の方を改良すべきだという意見に、いつかは行き着くと思います。私たち建築家は、その時にどんな建物や街にすべきか提示する立場にあり、いまからそれを考えていく必要があるでしょうね。

今回、いくつかの国で医療崩壊が起きましたが、19世紀の医療崩壊はまず戦場で起きました。その対策が民生化されて、20世紀初頭に植民地行政や学校教育の場にもち込まれました。ざっと経緯を整理すると、もともと1799〜1815年のナポレオン戦争は、後世の試算によればチフスによる死亡率は20〜30％で、文字通りチフスとの戦いであり、医療崩壊の連続でした。1853年のクリミア戦争では英国軍の統計があり、赤痢をはじめとする感染症による死亡者数は戦死者の5倍に達し、その医療崩壊ぶりは英国議会で責任問題に発展しています。1870年の普仏戦争におけるフランス軍の敗北は、万博事業や再開発事業で頭がいっぱいのナポレオン3世が、軍隊の医療費を削ったことが原因だ、という総括もあります。勝利したドイツ軍が多額の国家予算を投じて予防接種を行っていたからです。これに衝撃を受けた日本では、1904年の日露戦争において予防接種を徹底しました。ゆえに感染症による死者数は戦死者の約1／4という当時としては驚異的な値で、その後の各国軍隊に予防接種を導入させるに至りました。この流れが20世紀初頭の世界中の植民地行政や、小学校などの教育現場に適用されます。

いまでも日本の小学校では予防接種が行われ、基本的な手の洗い方まで教わりますから、それらが防いでくれる感染症は多いでしょう。ただし、新型コロナウイルスの進化速度は異様に速いため、予防接種という19世紀的な体制では防ぎきれない可能性があります。そうなった場合は、居住環境を改良することで感染を防ぐというのが、歴史的な常套手段です。

## 建築と都市の今後の変化

今年（２０２０年）4月頃にニューヨークでいきなり感染爆発が起きたとき、密度が問題なのではないかと感じました。公衆衛生の分野では人口密度と感染実数の相関についてまだ調査されていないようですが、密度の影響が非常に気になっています。東京圏の場合、人口は世界一ではあるとはいえ、人口密度は低いですよね。東京圏は小田原あたりから日光くらいまで途切れずに広がっていて、面積が広大すぎるので、人口密度は高くない。ところが、ニューヨークはマンハッタン島の人口密度も、個々の街区の人口密度も、個々の建物の人口密度も、非常に高いです。物流や商品の密度もそれに応じて高いでしょう。こうした密度の問題が、今回の感染拡大にどこまで影響したのか知りたいです。ただ、マンハッタンの密度を安全と見る専門家はいないでしょうから、今後はより中密度、ないし低密度、もしくは密度のムラをもった都市の姿が模索されるかもしれません。

ちなみに、そうした変化は、どちらかというと都市計画で処理されるというよりは、建築型のアイデアからはじまるという気がしています。どの国の財政も、ワクチン購入や就労保証で手いっぱいで、広域で都市改良（改良実験）を行うだけの余力がなく、個々の建物くらいからしか着手しにくいからです。

日本の場合、1960年代から今日まで、東京圏だけでなく地方も変質したと思うんです。国連のデータによると、いまの日本の都市人口比率は90％を超えていて、国民の9割以上が東京圏であっても地方であっても都市化された場所、つまり住宅地や業務商業地などに住んでいます。ですからコロナ禍で地方へ移住する場合も、その地方における住宅地や業務商業地へ移住することになるでしょう。これは人口移動としては「都市A→都市B」という図式であって、「都市→農漁村」ではないです。これに対して、日本の1960年代にピークを迎えた人口移動は、いまの中国のように都市人口比率50～60％の時期なので、人口移動としては「農漁村→都市」でした。いまでも農漁村をめざそうとする移住者の方々もいるとは思いますが、集落（農漁村）のキャパシティは小さいので、地方の住宅地でシティファームをやることになるケースが多いと思います。

つまり、いまの日本はどこへ移住しても大小さまざまな都市圏だという状況です。となると、「都市A↓都市B」という人口移動が、新型ウイルスによって加速する可能性があります。ですから、個々の都市圏の特殊性や可変性が、非常に大事になってくると思います。と同時に、個々の建築の可変性や冗長性も大事になってくると思います。

日本の都市域、特に東京圏の場合、都心と郊外が二極化するような図式ではなく、むしろ都心と郊外の間にいろんなハイブリッドがつくられて、埋め尽くされてきたといえます。したがってまた、業務施設と居住施設の間にも、それ相応のハイブリッドがつくられてきました（いわゆる雑居ビルなど）。この特殊性が、今後において可能性として注目されるかもしれません。たとえば職住近接などは、他国にないタイプのものをいろんな形で実現しやすいです。

新型ウイルスを契機として、従来の住宅と街のもつ限界だけでなく、可能性があきらかになるということかもしれません。今後の建築家は、個々の住み手の仕事や健康といったミクロな話から、グローバルなウイルスの拡大や技術の変化といったマクロの話までを、常に頭の隅に入れておく必要がありますね。

# 新型ウイルスについて3 （2020年）

過去4か月にわたって新型ウイルス関連の巻頭記事を読んできて、誰も言及しない論点を述べておきます。

もともと今回の新型ウイルスの発生は、ウイルスの宿主たる野生動物（コウモリ）と人間が接触したからだと考えられています。接触地はいまのところ武漢の生鮮市場と推定されていますが、大事なことは、なぜ中国（2002年のSARSコロナウイルス、2019年の新型コロナウイルス）、ASEAN（2003年の鳥インフルエンザウイルス）、メキシコ（2009年の豚インフルエンザウイルス）、中東諸国（2012年のMERSコロナウイルス）といった国々から、未知のウイルスが出てくるのかです。

これらの国々は気候や風土も違い、政治体制も社会行動も異なり、宗教的戒律も衛生面も異質です。共通しているのは、1990年代後半から近代化の過程に突入し、2000年代に膨大な数の新都心や郊外住宅街を出現させたことです。つまり原生林や自然を大幅に切り崩し、近代都市と近代建築を量産し、ウイルスの宿主（野生動物）と人間の接触頻度をいたずらに増やしたために、新たな感染症が次々と発生している可能性があります。

極論すれば、新型ウイルスの究極的な原因は、近代都市と近代建築を懲りずにつくり続けているからだ、といえなくもないのです。新型ウイルスについて被害者や傍観者のように思う建築家はどうかしています。というより建築家なら、今後も未知のウイルス感染症が発生し続けることも予測できるでしょう。紙面がないため細かい説明は省きますが、都市人口比率の上昇傾向と世界経済の必要から、今後数十年間は近代都市と近代建築による自然破壊が残念ながら続きます。すると、さらなる新々型ウイルスの発生が残念ながら生じます。ですから今日の新型ウイルスは、数年程度で終息するような話ではないです。

以上のマクロなウイルスの発生メカニズムを、今日の設計者には十分に意識してほしいです。特に近代都市と近代建築を懲りずに続けている前例主義者の方々には、自然破壊がついに人間破壊と社会破壊に帰結しつつあることに、目を閉ざさないでほしいです。

# 家ならざるもの（２０２２年）

「家とは何か」について書いてほしいという依頼を受けたとき、筆者はとっさに「これからの家」のことを書きたいと考えた。決して「かつての家」や「いまの家」のことではなく、あくまで「これからの家」のこと、具体的には「数十年先の家」のことをここでは考えたい（30年先か80年先かは別として）。「かつての家」や「いまの家」なら答えるまでもないのである。つまり、今日量産されている広義の近代住宅とその祖先（19〜20世紀の巨匠による狭義の近代住宅）が、「いまの家」と「かつての家」である。だがそれらの近代住宅が、これから数十年先に地球上の可住地を覆い尽くし、もはや1棟たりとも生産できなくなったとき、それでも建てる価値のある家とはどういうものだろうか。もしくは、これから数十年かけて多くの人びとが、近代住宅での暮らしに見切りをつけるようになったとき、そのかわりにどんな家を求めるだろうか。つまり一言でいって「近代住宅の次」の家とは、一体どういうものか。

筆者はＳＦ的な空想をする気はなく、あくまで現実的な予想をしたい。「近代住宅の次」を思わせる前兆は、建築家の活動の中に現れつつあるし、一般の人びととの活動の中にも目立たないかたちで現れつつある。両者はいまのところ連携せずになされているが、以下では特に後者を重視しながら、「近代住宅の次」を予想したい。

たとえば、「家開き」と呼ばれる活動があるが、これはもともと建築家がはじめたことではなく、一般の住み手の人びと、特に高齢者や身体障害者が15年ほど前から同時多発的にはじめたことで、すでに燎原（りょうげん）の火のような拡大を見せている。なぜそれが拡大するかといえば、実は近代住宅のもつ閉鎖性や排他性に一因がある。近代住宅は、核家族向けの専用住宅であるがゆえに部外者（介護者や看護者など）に対する閉鎖性をもち、あるいは「住むための機械」であるがゆえに他の活動（労働や介護など）を行いにくいという排他性をもち、今日の暮らしの実情にそぐわないからである（とりわけ超高齢社会や長寿命社会において）。

こうして家開きは静かに拡大してきたが、今後もそれが続くとすると、意図せずして「近代住宅の次」をたぐり寄せることになるだろう。実際、過去15年間に家開きが広まるにつれて、その開き方は想定外の進化を遂げている。当初は単に介護者に鍵を渡して出入り自由にする程度の開き方だったのに、いまでは私物のはずの家具類や備品類を公共財のように使用する事例が増え、さらに私有財産の中核であったはずの家屋や庭を丸ごと手放すような開放性に達した事例もある（財産や権利は死後の世界にもっていけないため）。高齢化や長寿命が続くのであれば、そしてそこに近代住宅が存在するならば、家開きは静かに進行し続けることになり、それを一過性の流行として片づけることはできなくなる。

以上を第一の前兆として受け取ると、「近代住宅の次」の家は、おそらく前例のない所有形態や利用形態とともに現れることになるだろう（おそらく新しい所有権・使用権・居住権・財産権の再定義を伴って）。

別の例として、過去2年の新型コロナウイルスの感染拡大とともに現れた前兆がある。この2年、医療行為以上に感染を抑えたのは、実は「空間」だったのではないかと筆者は思っている。政府や自治体から幾度も「空間的」な指示が出されたし、人びとも「空間的」な配慮をもって集団行動したからだ。「三密を避けよ」「ステイホーム」「ソーシャルディスタンス」「ロックダウン」「濃厚接触」「こまめな換気」「隣席との仕切り」といった指示は、すべて「空間的」な指示であり、「空間」による感染対策であった。注意したいのは、それを2年続けてきた結果、一般の人びとの間に「空間」に対する新しい捉え方が浸透してきたことだ。つまり、自宅や外出先での他者との接触や非接触、離隔距離や仕切りの有無、外気や換気の有無、人やモノの密度、集団行動といった「空間」に対する認知力・把握力を、社会全体が発達させた2年だったように筆者には見える。

こうした空間把握が浸透すればするほど、また研ぎ澄まされるほど、必ず新しい居住空間の常識を形成することになる。それは近代住宅における機能的な空間理解とは相容れないものになるだろう。この2年の自宅感染のほとんどは、洗面・トイレ・浴室・玄関・共用廊下・エレベーターといった、もっぱら機能的に設計されてきた場所で生じたからであり、一時は機能的な場所であればあるほど命を落とす危険さえあったからである。

以上のことを第二の前兆として見なすと、「近代住宅の次」の家は、かつての空間理解を覆すような新たな空間常識とともに誕生することになるだろう。

もうひとつの例として、過去11年間の災害によってもたらされた前兆がある。東北（2011年）と熊本（2016年）の大震災だけでなく、ほぼ毎年生じてきた各地の河川水害や土砂災害により、膨大な家屋が破壊され、その後に膨大な仮設住宅や復興住宅が建設されてきた。ただし筆者が「近代住宅の次」の前兆のように思うのは、復興事業それ自体でなく、その後に建築家の間に残響のように鳴り続けているひとつの傾向である。

筆者はその傾向を、住宅の「つくられ方への介入」と呼んでいる。個々の設計のアプローチは多様だが——たとえば、住宅の設計だけでなく施工まで行う／住宅を工法から考え直して実現する／解体後の資源循環を組み立てながら設計する／老朽化したあらゆるビルを住宅へ改修する／軸組を露出した施工中のような居住空間を志向するなど——これらに共通しているのは、これからの住宅が「建設されたり解体されるプロセス」に強い関心をもち、そこに介入しながら住宅をつくっていることだ。建設から解体までのプロセス全体のどのポイントに介入するか、どこを切り取って焦点化するかに違いはあっても、従来の設計業務の外側へ越境しながら活動するという共通の傾向がある。おそらく2011年以降、膨大な家屋の破壊とその後の建設を目の当たりにしていることが、彼らの活動の原動力になっているように思われる。

念のためにいうと、彼らに越境された「従来の設計業務」とは、とりもなおさず近代住宅のそれである。そして「従来の設計業務」がいわゆる「家づくり」と呼ばれてきたのと対照的に、彼らの活動は「工法づくり」や「循環づくり」や「再生資源づくり」と呼びうる側面をもっている。

以上を第三の前兆として見なすと、「近代住宅の次」の家は、単なる「家づくり」で完結するものではなくなるだろう。家が断片として取り出されるような全体――環境全体、資源全体、制度全体など――をつくりあげるために取り組まれるものになるだろう。いわば、「家ならざるもの（全体）」をつくりあげるための「ものづくり（断片）」として、新たに発展していくことになるだろう。

ドットアーキテクツの新作「仮の家」（2022年）は、いままでの彼らの多岐に渡る活動の中から、「近代住宅の次」に向けて明快なメッセージを放っている。一見すると端正な家型をした湖畔の小住宅にすぎないが、その細部を見ると、ただならぬ決定が随所になされている。たとえば、建物の接地部分には、通常の布基礎やべた基礎がなく、6つの大きな自然岩（近所でゴルフ場が造成された際に掘り出された岩）が地中にめり込んでいて、その上に建物を置いてある。アンカーボルトもなく本当に「置いてあるだけ」であり、台風時にデッキはロープで大きな石に係留する。あるいは、壁体は広幅の柱材（105×320㎜）を隙間なく連続的に立ち並べるだけですべてを解決している。柱は集成材ではなく無垢材で、互いの噛み合わせ部にほぞを切り、内部に精巧なフラッシングを施すことで、防水層を省略し、仕上げ材も内外共に省略している。水回り（トイレ・洗面・浴室）は建物本体から切り離され、野外の露天風呂のように庭の真上に浮かべてある。外周をカーテンで包んだこの開放的な水回りでは、新型コロナウイルスの感染リスクは庭と同等だろう。こうして接地物のない開放された地面が、なだらかな起伏を見せながら建物の下を横切って、浜名湖の水面へ滑り込んでいる。

この建物は、ほぼすべての細部においてオリジナルな工法が考案され、オリジナルでないのは屋根の架構だけである。だがこの端正な家型は、前述した数々の尋常ならざる細部からすると、「家のカタチをした別の何ものか」のように筆者には見える。というのも、柱材（105×320㎜）を無垢材として部材断面に余裕をもたせているのは、次の建設資材として転用するためだろう（壁体をバラせばただちに再生できる）。足元の自然岩についても同様のことがいえる（解体時に産廃を出さない）。つまり、このお家のカタチは仮の姿であって、実は容易に別の施設や工作物へ姿を変えうるように、あるいは痕跡（産廃）を残さずに消え去りうるように組み立てられている。いまはまだ見えない次の姿に変わるまで、サラッとお家のカタチを擬態しているという意味で、これは家というより「家ならざるもの」なのである。

住み手の後藤繁雄さんによると、この建物は借家扱いで、土地のオーナーに賃料を払いながらここに住むことにしたという。高明なアートディレクターである後藤さんなら別荘として持ち家にすることもできたはずだが、家を所有するのは「重すぎる」から好ましくないという（おそらく権利や財産や遺産といった縛りが「重すぎる」という意味）。そして、住むなら仮設物のような「軽さ」が好ましく、ここで「ガーデニングの実験をする」という（ガーデニングは「エディタブルだから重くない」という）。筆者は似たような話を別のいい回しで、ある高齢の女性（財産をすべて手放すような勢いで「家開き」をしていた）から聞いたことがある。「仮の家」は、前例のない所有形態・利用形態とともに現れたという意味でも、稀有な作品である。

# もうひとつの近世都市（2021年）

『生き心地の良い町―その自殺率の低さには理由がある』（岡檀著）は、2013年の刊行と同時に読書界の話題をさらった好著である。著者は看護学・公衆衛生学を専門とする学者で、自身の博士論文[*1]をもとに本著を上梓した。建築関連の書籍ではないが、この本には今後の建築にとっての課題と教訓が満載である。まずは本の概要を説明しておこう（以下の「」内は著書からの引用）。

著者によると看護学や公衆衛生学、心理学や社会学の分野では、今日の日本社会のもつある特徴――旧G7諸国のうち自殺率1位の日本では年間3万人ペースで自殺し続けていること――をめぐって多くの研究がなされてきた。ただし本著は次の点で、それらの先行研究とは異質である。先行研究の多くは〝自殺をもたらす要因〟を突き止めるべく「自殺多発地域」を重視してきたが、本著は〝自殺を予防する要因〟を明らかにするべく「自殺希少地域」に注目したからだ。

このコロンブスの卵のような発想から、著者は全国の市区町村のうち自殺率の低い町を比較検討し、注目すべき町――徳島県海部町（現海陽町）――を発見する。人口2600名強の海部町は、本土において突出して自殺率が低く、年齢別の自殺率も全年齢層で低く（中高年から少年少女まで）、その傾向は過去30年間変わらない（1973年〜2002年）。高度経済成長期（好況期）でもオイルショック期（不況期）でも、バブル経済成長期（好況期）でも就職氷河期（平成不況期）でも、つねに自殺率が低いこの町では、他の多くの町のように失業や病苦やいじめによって自殺率が高まることがないのである。しかも海部町の隣にあるA町は、日本有数の「自殺多発地域」に該当している。同一地域にかくも異質な町が接している以上、地域性や県民性によって海部町を説明することも難しい。

ではなぜ海部町だけが、今日の日本のなかで、まるでそこだけ重力が消えたように、常に極少の自殺者しか出さないのか。この〝海部町の謎〟を解明するべく現地調査に向かった著者は、他の町にはないユニークな特徴を目の当たりにする。そして住民の生活行動や集団形成、町の歴史や立地、医療や福祉や政治などの調査を通じて、海部町の人びとのもつ驚くべき特徴が明らかにされる。以上がこの書物のあらすじである。すなわちこの本は、学術論文を下敷きにしていながらも、〝海部町の謎〟をめぐる壮大な推理小説のような魅力をもっている。

評者は本著を読んで、なぜ日本において海部町のような集団生活と住民気質が成立したの

＊1 『日本の自殺希少地域における自殺予防因子の研究』（慶應大学健康マネージメント研究科博士課程学位論文）岡檀、2012年

か、そして今日においても持続するのかについて、完全に理解することができた。豊富な事例と考察を著者が示してくれているからだ。[*2] であれば、それを他の町に応用できないものか、と考える読み手は多いだろう。著者はそれに対する回答として、他の街は海部町の〝すべて〟を取り入れようとするのでなく、それぞれの事情に合わせて海部町の〝一部〟を「いいとこ取り」したらどうか、と提案している。なぜなら、もともと海部町自身が「いいとこ取り」の本家本元だからだという。つまり「江戸時代の初期」に「この地に集まってきた移住者たち」が、異なる郷里からさまざまな「いいとこ取り」をもち寄って、今日の海部町を形成していったと推定できるのだ、と著者はいう。著者によるこの推理は非常に秀逸で、評者もまったく同感である。

本著終わり近くに記されたこの推理に対して、評者が付け加えたいのは、もともと海部町は〝集落〟ではなく〝都市〟だったということで、いわば〝もうひとつの近世都市〟だったということだ。それは典型的な近世都市（城下町など）ではないが、武家を排除しながら形成され

＊2　本著に出てくる海部町の人びとの特徴は次の通り。彼らは基本的に「おしゃべり好き」であり、周囲の出来事や人物について「興味津々」であるが、他人の噂話に陰湿にこだわることがなく、話に熱中したかと思えば「同じ速度で冷め」たり「飽きる」といった、一種の〝空気を読まない〟会話を行う。しかも近隣づきあいはそうした「立ち話程度」という、「淡白な」つきあい方をする（隣のA町のように日常的に生活を支えあうような緊密な人づきあいをしない）。もともと海部町の人びとは相手が隣人でもヨソ者でも「大きく態度を変えない」が、それくらい「ヨソ者に慣れて」いるという「排他的な傾向が少ない」人びとである。

世代ごとの集団形成においてもヨソ者や異分子を排除せず、しかも「個人の自由」が自他ともに保たれている。江戸時代から続く「朋輩組」は、国内の多くの町では入会条件が厳しく閉鎖的な傾向をもつが、海部町では「ヨソ者・新参者であっても入会可能（退会も）」で、女性の入会や退会も「拒まれず」、退会者も不参加者も「不利益を被ることがない」。また新参者が不慣れな集団作業に失敗しても、町の慣用句である「1度目はこらえたれ」を誰もが口にして、叱責や処罰などのパワハラ行為を行わず、失敗の挽回も当人の「自由」に委ねられる。つまり〝やりたい者だけがやる〟という「自由」の理念が浸透しているため、この集団では強制も支配も「いじめもない」。もちろん海部町にも鬱病や失業などの困窮はあるが、それらはひとまとめに「病」と呼ばれ（精神病や借金苦や失業等はどれも自力で解決できないため同じ言葉で呼ばれる）、まるで落雷事故のように電光石火で処理される。例えば鬱気味の困窮者がいると聞けば、海部町の慣用句「病は市に出せ」（困ったことは素早く公開して他者に引き取ってもらえという意味）を誰もが口にして、困窮者の家に押しかけていくという〝空気を読まない〟介入を行う。海部町で鬱病の受診率が高い理由は（罹患率でなく）、こうした「鬱の早期発見と早期対応」がどの町よりも盛んだからである（ゆえに「軽症者が多い」）。

さらに彼らは「政治参加に意欲的」だが、それも多くの市区町村とは異質である。海部町では町の有力者さえ「投票は個人の自由や」と言い切るほどで、人の投票行動に口を出す者がいれば「野暮なやつだ」とレッテル貼りをされ、老人も青年もそれを「ダサイ」と公言して憚らない（組織票を嫌悪する）。もともと彼らは「統制されるのが嫌い」であり、「他人と足並みを揃えることに全く重きを置いていない」という、一種の自由主義的で個人主義的な資質をもつ（ゆえに世間の〝空気を読まず〟、目上の人間にも〝忖度しない〟）。こうして「個人の自由意志が最大限尊重」されている海部町では、日本において例外的に「健全な民主主義が根づいている」。

その結果、海部町では意外な政策決定やサプライズ人事がしばしば生じるが、それについて町民へ意見を求めると、「無駄のない答え」を「淀みなく述べ」るという「賢い人」が多いという。これも自由主義的で個人主義的な資質の現れなのだが、なぜそうした回答を瞬時にできるかといえば、ふだんから身の回りの出来事について、自力で〝考えぬいている〟からだろう（逆に世間の〝空気にしたがう〟人間は、何も考えずに行動しているため、考察力も観察力も衰える）。

以上のような海部町の人びとは、今日の日本においては奇跡的な存在だろう。彼らは自由主義的であって専制主義的でなく、個人主義であって集団主義でなく、放任主義であって管理主義でなく、人物本位であって肩書き本位でなく、開放的であって閉鎖的でなく、多様性を好んで同質性を警戒し、健全な民主主義があって不健全なそれがない。一言でいえば〝誰も空気を読まない街・誰も忖度しない街〟、それが海部町である。この特徴は、国内の多くの町や組織にとって、実現したくて実現できずにいる当のものに他ならない。

た“もうひとつの近世都市”である。つまり武家の支配を排除するという形で、かつての“下剋上〟の気運を「いいとこ取り」したことが、今日の海部町の特徴をもたらしたのである。このことは、今後の日本の街にとってきわめて有用であるため、以下に詳しく述べておきたい。

もともと海部町は「江戸時代の初期」に「材木の集積地」としてはじまったそうである。「大阪夏の陣の後、焼き払われた城や家々の復興」のため「大量の木材の需要」があったからだという。するとそれは1615〜1628年の13年間である（大阪城落城と城下焼き払いは1615年、大阪城再建は第一期着工1620年・第三期着工1628年）。この時期の木材需要のうち、大阪城再建は空前絶後の巨大事業であり、ゆえに「この地に集まってきた移住者たち」とは西日本一帯の商工業者たちである（回船業者、山林業者、馬喰・地回り、職人（棟梁・大工・石工など）、商人（金融業者・博徒）、および各集団の宗教）。海部町はその起源において、異なる生業とスキルをもった多数の職業集団が定住した〝都市〟であり、ヨソ者だらけの〝植民都市〟としてはじまったことになる。そしてこの移住は、前述した13年間に〝一挙に〟なされたはずである。またそれは、1615年の後（大阪城落城と城下焼き払いによる戦災の後）でなければ生じなかったという意味で、〝巨大な被災の後（戦後）〟の新たな定住である。

ただし、この13年間に匹敵するような木材需要は、その後の江戸期においては発生していない。定住前に期待されていた需要の継続（瀬戸内一帯では石山本願寺が焼き払われた1580年以降、その巨大な跡地開発である秀吉の大阪城建設（1583年竣工）とそれに続く各国の天守閣建設ラッシュのため、材木・石材等の大型需要が続いていた）は、定住後には続かなかったことになる。ゆえに海部町に定住したさまざまな職業集団は、おそらく1630年代には兼業や転職を余儀なくされただろう（これも〝戦後〟に特有の現象）。そして著者が推理している通り、互いに情報とスキルを教え合い、窮地を脱するという成功体験を何度も積んでいったはずである。海部町の慣用句にある「市」「病」「こらえたれ」といった独特の言葉使いは、この時期のものである（ゆえにどことなく戦国武士のような血生臭い響きをとどめている）。

海部町にある宗教施設が多種多様であること（神仏合わせて全宗派が揃っている）も、移住集団の職業と出立地がいかに多様だったかを示す物証である。さらに、いくつかの寺の境内が町民にとっての「サロン機能」をもっているという事例（町民が「立ち話」を盛んに行う広場として機能している）は、17世紀に一部の仏教宗派が行なっていた〝探題〟（今日のディベートのような審判付きの公開討論会。日本における〝democracy〟の起源ともいわれる）を思わせる。1630年代に困窮を極めた職業集団たちが、互いの意思疎通や利害調整に成功したのは、それぞれが奉じる宗派の僧侶同士が〝探題〟の形式を借りて、職業集団（宗派）の垣根を超えて、境内で公開の議論と利害調整をはじめたからだろう。そして聴衆である各職業集団のメンバーたちは、対外的に通じるロジックや用語を、その場で学び取ったに違いない。海部町の人びとのユニークな「立ち話」の起源はそこにあり、「市」「病」「みせ」といった言葉の意味が意外にロジカルである理由も議論を通じて練り上げられた概念だからである。ゆえにそれらの言葉が発話されている限り専制主義に後退することはなく、話せば話すほど〝democracy〟に行き着くことになる。念のためにいうと、そうした新たな用語や概念が生成したことも、そこが〝集落〟ではなく〝都市〟だったことの証左である。

かつて〝democracy〟を日本語に初めて訳すとき、〝民主主義〟でなく〝下克上〟が訳語として検討されたという有名な逸話があるが（明治期）、その意味での〝democracy＝下克上〟が海部町のように鮮やかに実現され、今でも継続している例を、評者は聞いたことがない。この町は、ありえたかもしれないもうひとつの日本の姿を示している。と同時に、これから多くの町でさまざまなかたちで転用され、再生しうる可能性も示している。建築界の専門家が海部町の「いいとこ取り」を行なう場合も、この意味での〝都市の可能性〟を念頭に行われた方がよい。建築と都市を学ぶ学生にも、被災地や過疎地で市民集会を行う若い人びとにも、復興計画に携わる年長者にも、本著はすべからく読まれてほしい。

# 21世紀の戦後住宅

（2017年）

【出題】21世紀の戦後住宅

次の戦争の「後」に現われる「戦後住宅」を構想してください。
計画面積、家族形態、生活様式等の制限はありません。
独立住宅、集合住宅、その他の居住形態の制限もありません。
ただし、具体的な敷地を必ず設定した上で、計画案を示してください。
（敷地は国内でも海外でも構いません）

【解説】

この課題は、建築と戦争の間柄について、若い設計者に考えてもらうためのものです。過去の大きな戦争の後には、必ず決定的な住宅の提案が現れてきました。

コルビュジエの「ドミノ型住宅」（1914年）は、第一次世界大戦にとっての「戦後住宅」です（構想開始は開戦直後）。コルビュジエによる有名なアクソメ図（スラブ・パイル・外階段だけのアクソメ図）は、ガラスのカーテンウォールによる近代建築を意図したものではなく、あの状態から住民がセルフビルドで壁や扉や界壁をつくるための躯体図です。コルビュジエの説明によると、第一次世界大戦で多くの集落が瓦礫の山と化し、多くの人が被災者となっている、ゆえに無尽蔵の瓦礫を人びとが拾って自宅をセルフビルドすればよい、そのためのスラブや柱は自治体が無償で提供すればよい、その結果粗大ゴミのような見かけの住宅ができてしまっても、それが20世紀住宅の姿なのだ、という提案です。

バックミンスター・フラーの「ダイマクションハウス」（1944年）は、第二次大戦の渦中に登場した「戦後住宅」です。軍人でもあったフラーは、第二次世界大戦で肥大化した軍需産業の製造能力を、戦後に民生品へ転換するために、工場生産によるプレファブ住宅を試作しました。戦後の占領地を含む米国の巨大な領土で建設されることを想定し、多様な気象や地勢に対応するための技術的課題（熱処理や接地性や搬送まで）に応えた住宅です。

チャールズ・イームズの「自邸」（1949年）、いわゆる「ケーススタディハウス#8」も第二次世界大戦の「戦後住宅」です。今日の合板や合金や樹脂等の技術的達成は、両大戦なしにはありえなかったものですが、イームズはそれらを民生技術として成熟させるために活動したデザイナーです。彼が戦時中に航空合板で帰還兵のためのギプスをつくったり、戦後に人の運べる軽量鉄骨で家具から住宅までをつくったのも、戦争技術を市民生活のために改良するためでした。

日本の戦後の小住宅、「増沢自邸」（1952年）や「清家自邸」（1954年）、あるいは「広瀬自邸」（1954年、いわゆるSH-1）なども、第二次世界大戦にとっての「戦後住宅」です。これらの小住宅が登場しなければ、その後の日本の住宅のあり方（庶民が独立住宅を所有するという欧米ではありえない住宅のあり方）が現実化することはなかったでしょう。また今日まで続く日本の現代住宅の多様な展開も、それらの「戦後住宅」がなければありえなかったでしょう。

20世紀において時代を画した住宅は、想定外の戦争を経験したあげくに構想されました。これらの住宅は、戦争がなければ登場することはなく、必要でもなかったという意味で、建築と戦争の関係について多くのことをわれわれに教えてくれています。

現在の日本では、世界中の戦場に自在に参戦できるように、さまざまな法整備・制度改革が進められています。もし日本にとって次の大きな戦争（戦場が海外であれ国内であれ）が起きるとき、建築を設計する人間は何をなすべきでしょうか？

なすべきことはたくさんありますが、このコンペではそのうちのひとつ、「21世紀の戦後住宅」の提案を募集いたします。

# 設計の原風景

（2021年）

聞き手＝浅子佳英・中川エリカ

## 原体験と断面に対する関心

――西沢さんは設計において、配置図と断面図でのスタディを大事にしていますが、その姿勢はどのようにして培われたのでしょうか。幼少期の住まいや体験とともに教えてください。

**西沢**　以前に子どもの頃の話をしたことが一度だけあります。2007年だったと思いますが、東京ガスの「SUMIKA Project」（スミカプロジェクト）に指名され、僕を含めた4人の建築家（藤森照信さん、伊東豊雄さん、藤本壮介さん）が栃木県宇都宮市に1棟ずつ実験住宅を設計しました。僕が設計したのは「宇都宮のハウス」（2008年）という、約70m²のほぼワンルームの平屋の住宅です。全体が光を透す屋根スラブで覆われていて、朝はベッドに、昼はキッチンに、強い光が落ちてくるようになっている。すると朝は光を浴びて目を覚まし、数時間すると今度はキッチンが光で輝き出して、「ああ昼食の時間か」と気づいて調理をするという想定です。家の中で光を辿っていくと、生活リズムができあがり、昼夜逆転が治ったり、体内時計が整うという住宅です。

この住宅が竣工した時の公開シンポジウムで、僕の設計プロセスを半年あまり隣で見てきた藤森さんが、「なぜああいう空間になるんだ」、「ずっと隣で見てたがさっぱりわからなかったぞ」と、しつこく説明を求めてきたんです。最初は適当に受け流していましたが、あまりに何度も問い詰められているうちに、ふと思い出して子ども時代の話をしたんです。

僕が生まれ育った1960年代の公団の団地には、冷暖房設備がなかったんです。断熱材もないんです。だから夏は、ものすごく暑いわけです。家の中にいても外に出ても、とてつもなく暑いのです。当時、エアコンのある建物は銀行だけでしたが、小学生は警備員さんにつまみ出されてしまうから、冷房にはありつけない。となると、水を探すことになるんですね。プールに入れると聞けば、どこまでも自転車で行きました。それでプールに着くと、泳いだりせずに、ひたすら潜水をしていました。身体を冷やすことが目的だから、プールの一番深い場所まで潜って、息が続く限り寝そべっているわけです（笑）。たまに上に上がって呼吸をして、また水底へ潜って仰向けに寝そべって、身体を芯まで冷やしている（笑）。そのとき、プールの底から水を通して見た空の光や景色が好きだったという話を、そのシンポジウムの席上でしたんです。すると藤森さんは、「たしかにお前の宇都宮のハウスや静岡の駿府教会は、水中から上を見た景色に似ているな」、「それを最初にいってくれ。そういうことならよくわかる」といわれた。伊東さんも「その水の話を最初にした方がいいよ」とかいっていて（笑）。

僕としては8歳頃の話なので、あれが「宇都宮のハウス」の原因だといわれると、反論したい気持ちもないわけではないんですけどね。その後もいろいろ経験したわけですよ。高校や大学にも行ったし、アトリエに入って修業もしたのに、8歳で空間の質が決まっていたといわれると、ちょっと切ないですね（笑）。

**――そのお話だけを聞くと、水の中での視覚的な体験よりも、エアコンがなくて冷気を求めてさまよっていた動物的な体験の方が、西沢さんの設計に大きく影響しているように思います。**

**西沢**　そういえば、プールのない日は、日陰を探して街をさまよっていました。昔の団地って、1階の床スラブが地面から90㎝くらい浮いていて、バルコニーの下に空間があったでしょう。あそこは早朝は日陰で、芝生もあって、子どもが身体を冷やすには最適なんですね（笑）。ただ、30分もすると太陽が動いて日が差し込んできて、冷たい日陰が逃げていってしまうから、その日陰を追いかけることになるのです。街の中を犬のように移動しながら涼んでいましたね（笑）。

——日陰を求め、快適な居場所を求めて移動していったというお話は、「宇都宮のハウス」で、時間ごとにライフスタイルに合った居場所に光が指すという設計に結びついていますね。

**西沢**　たしかに似ています（笑）。とはいえ、1960年代の子どもがみんなこういう住宅を設計しているわけじゃないので、僕の実力も少しはあると思うんですよ（笑）。

——当時の人びとがみんな西沢さんみたいに冷気と日陰を追い求めてプールに沈んだりさまよい歩いていたわけでもないですしね（笑）。配置図と断面図へのこだわりについても、いつ頃からなのか聞かせてください。2018年に、西沢さんは雑誌『住宅特集』で、座談月評を担当されていました。月評の最後に公開でのイベントがあったのですが、西沢さんは、あらゆる創作活動の中で、建築オリジナルのものはサイズじゃないか、と話されていました。

**西沢**　おそらくあのときは「建築とはサイズの芸術であり、寸法の芸術である」といったと思います。サイズや寸法の問題とは、たとえば、柱が人の身体の隣に立ち上がったとき、その太さや細さが人を快適にしたり不快にするという問題です。あるいは部屋の天井高なら天井高が、人を快適にしたり不快にしたりするという問題です。断面図には人体を描き込めるので、この問題をスタディしやすいのですが、平面図だと難しい。平面図の場合、部屋の配列とか動線の効率性などの、言語的な空間把握に向いていると思います。その分、住み手の身体感覚を掴みにくいです。

10年くらい前に、必要があって学生時代の図面を大学に見に行ったんですが、最初の設計課題から断面でした。僕の母校の東京工業大学では3年生で初めて設計課題をしますが、最初の設計課題はギャラリーの設計でした。僕の案は2階建てでしたが、地上2階建てではなく、地下1階・地上1階の2階建てでした。理由はおぼろげに覚えていますが、ギャラリーは展示室の光が大事だから、光の状態が違う2つの展示室を設計しようとしたと思います。その図面では、地上の展示室が自然採光で、地下の展示室が人工照明になっていました。

2作目は、10mキューブを住宅に仕立てるという、よくある設計課題です。これも2階建ての案でしたが、断面図を見ると、1階と2階の間のスラブが斜めになっている。1階には、一部に水回りがある他は、大半がLDKになっていて、天井が片流れ状の斜めスラブで、高い方のハイサイドライトから光が落ちてくる。2階はほぼ屋外で、斜めのスラブに沿って日本庭園のような庭をつくっていて、その一部に和室が450㎜浮いていました。

これらの断面図を見たとき、同行していた所員に「いまと同じですね」といわれ、自分としても「まったく進歩していない」という忸怩たる思いがありました（笑）。どうやら最初から断面のことばかり考えていたみたいです。

## 配置図について

――配置図に関する興味はいつから出てきたのですか。

**西沢**　それは独立した時期が平成不況期で、狭小住宅しか立たなくなったことが影響している気がします。それ以前の修業時代は、バブル景気のおかげでさまざまな規模の設計に携わることができたんです。住宅も、修業時代は延床60坪などと規模も大きく、総工費も高額でしたが、独立後は延床20坪台になり、総工費も大きく下がりました。ワンフロア10坪程度で家族4人が暮らすとなれば、どうしてもLDKを広くするしかなく、細かいプランニングの腕を見せる余地がなくなった。そのかわり、配置には工夫の余地があったので、配置図に時間をかけるようになりました。僕の初期の住宅作品は、ほとんど配置図と断面図のスタディだけでできていると思います。

――住宅ではないですが、「今治港駐輪施設」（2017年）も驚きました。本当に、配置と断面だけでできている。厳密にデザインされ、ディテールもよい。感動したのは、自転車が自然ときれいに並んで停められるような設計がなされていたことです。

**西沢**　あの駐輪場は、地元の方々しか行かない四国の港にあるので、建築界では浅子さんしか内観を見ていないんですね。一般的にいって駐輪場の空間は、学校でも駅前でもそうですが、出入口付近に自転車がぐちゃぐちゃに折り重なっていて、僕は昔から「いやな空間だなあ、この空間現象は何とかならんのか」と思っていました。駐輪場を設計する立場になったとき、あの空間現象を阻止するにはどうしたらよいかを考えました。利用者が出入口だけでなく奥にも自ずと停めるようにするには、何をどうしておけばいいか。

「今治港駐輪施設」の場合、長さ20m弱の平屋のヴォリュームにして、出入口を両端に設けました。そして天井から光が1.8mピッチで床に落ちてきて、時間とともに明るい場所が移動していくようにした。すると、人はなるべく明るい場所に停めたいので、1.8mピッチで自転車を停めていって、船に乗船する。その1時間後に次の船が出る頃は、光の位置がずれているから、次の乗客たちが明るい場所に1.8mピッチで自転車を停めて、船に乗船する。だから出入口に自転車が集中するような空間現象が起こらない。自分でもこれはいい仕事だと思って、日本中の駐輪場で真似してほしいと思っているのですが、誰も見に来ないから広まっていませんね（笑）。

――数々のリサーチを塚本由晴さんと一緒に『現代住宅研究』（ＬＩＸＩＬ出版、２００４年）という書籍にまとめられましたよね。西沢さんは学生の頃、地図のコピーを頼りにたくさんの住宅作品を見に行ったとおっしゃっていました。実際に歩いて探しながら、さまざまな気づきを得られたと思うのですが、いかがですか。

**西沢**　たしかに学生時代は授業にも出ないで、ひたすら住宅を見に行きました。篠原一男さんや坂本一成さん、あるいは清家清さんといった東京工業大学の先生方のつくった住宅を見て回ったんですね。当時は配置を意識していたかはわかりませんが、通りを歩いていて、建築の現れ方に驚くという経験を何度もしました。そして室内に入れてもらえたときは、実によくできているなと、普通の家屋とはまったく別物だなと、建築家の力量を感じました。僕はいまでも住宅を設計するときは、当時の記憶だけでつくっています。

# 建築を体験する（2010年）

## 実物体験

僕は大学に入ったとき、あまり建築に興味がなかったのです。数学にしか興味がなかったからですが、大学1年生の終わり頃、篠原一男さんの噂が耳に入ってきて、「どうもうちの大学にはすごい先生がいるらしい」、「数学の世界から転向して建築をやっている」と聞いて、「数学を捨てるような人がいるのか」と興味をもちました。早速本屋さんで篠原さんの作品集を見たのですが、ページをめくった瞬間、「こういうのを〝建築〟っていうのか。こういうのはよくわかる」と思いました。建築の知識はゼロでしたけど、なんとなく肌に合いそうだなと思った。ただし、写真に映っていない箇所が気になりました。建築雑誌についても知識がゼロなので、勝手に数学的に考えて、「この写真だけでは証明が終わってない」というようなことを思いました（笑）。それで実物を見てたしかめるようになりました。授業も出ないで篠原一男さんや清家清さん、あるいは坂本さんや伊東さんの住宅などを、手当たりしだいに見に行きました。それをやっているうちに、自分も建築をやってみようという気持ちになりました。最終的には、50~70年代のいろんな建築家の仕事をたくさん見ました。

住宅を見に行くといっても、当時は建築マップがないので、とにかく身体を動かすしかないのです。雑誌には何区とか何市までは書いてあるから、この駅のこの崖の辺りかなと見当をつけて、日が暮れるまでしらみつぶしに歩くわけです。当然見つからないことの方が多いのですが、そんなことも気にせずにやっていました。それで運よく見つけたときは、アポなしで住み手の方に見せてもらいました。いまとは時代が違ったので、大学で建築を勉強していますというと、必ず中に入れてもらえました。

そうやって実物を見ていて気がついたことがあります。どの住宅も、実に丁寧にデザインされていること。また丁寧に施工されていること。清家さん、吉阪さん、増沢さん、篠原さん、磯崎さん、安藤さん、伊東さん、坂本さんといったすべての建築家の住宅が、どれも丁寧なことに驚きました。

だから当時の僕は、「建築家というのは小さなことから大きなことまで全部やるんだな」と思いました。いろんな部材や素材なり、家具や建具なり、庭や門扉なりといった、ありとあらゆる立体をあやつらなくてはいけないんだなと思いました。と同時に、そういう能力は大学では身につかないことを痛感しました。とにかく「詳細図を描けるようになりたい」、「実物をつくれるようになりたい」、「早く就職したい」と、いつも考えていました。

# ディテールと身体

人間は丁寧につくられた空間に入ると、それを瞬時に察知します。知識がなくても身体がそれを感受します。その意味でディテールというのは、身体にダイレクトに働きかけるところがあります。たとえば清家さんの障子を初めて見たとき、ぼくは腰が砕けそうになりました。大きくて、薄くて、光っていて。ほとんど重力がないみたいな感じで動くのですね。あんな立体は見たことなかった。僕はその後も自分の住宅で障子は使ったことがないですが、あの衝撃だけは忘れていないです。

実物を見に行くと、そういう衝撃を身体が憶えてくれます。それは写真からはわからないことです。身体の隣にその立体が実際に現われてくれないと、わからないのです。身体が受け取る情報というのは、膨大なものがあります。雑誌やインターネットの情報というのは視覚だけなので、ちょっと退屈ですね。建築というのはもっと、すさまじく面白いものです。

ディテールが身体に訴えかけると、予想外のことが起こることもあります。「駿府教会」の礼拝堂は、室内に無塗装の木ルーバーを張りめぐらせています。無塗装にした理由は、礼拝堂は一週間に2時間しか使わないことや、音と光の効果も考えたためです。そうしたら工事中にちょっと変なことが起こりました。礼拝堂が木ルーバーで覆われるにつれて、お昼ご飯の時間に職人さんたちが集まってくるようになった。それまで車の中とかバルコニーとかで日向ぼっこしながら食べていた職人さんたちが、木ルーバーが張られるにつれてどんどん集まってくるのです。食後もみんなそこで寝そべっている。しかもみんな話さないのです。なんか温泉に浸っているみたいに。それくらい気持ちがいいのです。

普段、僕たちの身の回りにあるものは、ほとんどが表面をビニールや樹脂でコーティングされていますね。部屋の内装もそうだし、日用品や家電もそうです。つまり身体は常にビニールや樹脂に囲まれている。そこにコーティングされていない木の空間が現れると、気持ちがいいから集まってきてしまう。ディテールが身体に働きかけると、そうやって人間の行動を変えることがあります。僕がディテールに期待するのは、究極的にはそういう現象を起こすことです。

ちなみに、よく「ディテールはロジカルであるべきだ」といわれますが、それは人間の理屈に合わせるという意味でなくて、自然界の法則に合わせるという意味です。たとえば音の処理をしようとしたら、音の伝播や減衰などの、自然界での音のふるまい方を知らないと何もできないです。風や光、雨や気温なども、別の法則をそれぞれもっています。人間の身体というのも自然界の産物で、別のふるまい方の法則をもっています。それらを相手にするときは、個々の法則を最大限に尊重しないと、詳細図は描けないです。

# 脳内3D体験

卒業してすぐに、大学の先輩でもある入江経一さんの事務所で働きはじめました。僕が所員第一号だったので、毎日毎日とにかく膨大な数の図面を描く日々を過ごしました。それで3年目に入った頃、ある住宅の設計がはじまって、矩計図（S＝1／20）を描いていたとき、突然図面がパースのように立体的に見えるようになりました。まるで製図板が奥行きをもった空間になったようで、思わず「ええっ！？」と声をあげたくらいです。それ以来、図面の中の空間を「生きる」ことができるようになりました。詳細図を描くのがますます楽しくなった。少なくとも、いま話題の3D映画よりは楽しいです。僕は詳細図のことを脳内3Dっていっていますけど（笑）。

最近の僕の設計は、一番はじめの配置やヴォリュームを考える段階で、いきなり1／20の矩計図でスタディするようになりました。僕の建物はだんだん壁が厚くなってきているのですが、それは厚さを使って光や風や音や温度などを処理するためです。「板橋のハウス」の壁は450㎜、「駿府教会」は760㎜、「宇都宮のハウス」は800㎜です。それくらい厚くなると、詳細図も並行して描かないと、面積やヴォリュームを決められないです。これは「砥用町林業総合センター」から続けている方法ですが、いまはそれで室内の空間の状態から周辺環境まで捉えることができます。

## 大きなスケール・小さなスケール

よく学生さんから「スケール感を身につけるにはどうしたらよいか」と聞かれます。建築のスケール感というのは、音楽における絶対音感のようなものだと思えばいいでしょう。建築のスケール感を身につけるには、いろんな立体の大きさを覚えていけばいいのです。たとえばキッチンの高さ、ベッドの長さ、ドアの大きさ、部屋の天井高などの、あらゆる立体の大きさを、ひとつずつ・少しずつ覚えていくのです。ただし、念のためにいうと、写真でしか見たことないような立体を覚えても意味がないです。寸法を暗記するのと同じになってしまって、感覚がともなわないから、スケール感は身につかないです。むしろ自分の好きなベッドなりリビングなりの大きさからはじめた方が、スケール感を身につけるためにはいいでしょう。

もうひとつ大事なことは、立体の大きさの覚え方です。寸法を頭で暗記するだけではなくて、なるべく身体を使って覚えます。具体的にはそれぞれの立体を正確にスケッチして図面化していくか、あるいは採寸して原寸模型をつくっていくか、のどちらかしか方法はないです。これを何年間か繰り返すと、知らずにスケール感が身につきます。僕も所員時代にそうやってスケール感を身につけました。

もうひとつ、建築には大きなスケール感というべきものがあります。つまり都市の話とか、交通の話とか、河川や山の話とかです。大きなスケール感を身につけるには、それに相当するような巨大な立体の、大きさや規模を覚えることになります。たとえば森の面積とか、街区の人口密度とか、鉄道の交通量とか、河川の幅や水量とかです。この場合も、くれぐれも写真でしか知らないものを覚えようとしないこと。それではデータの暗記になってしまうので、スケール感が身につかない。実際に体験したもののうち、好きな河川とか、好きな道路とか、好きな山や丘などからはじめるのがいいと思います。

ヨーロッパのように、都市計画や国土計画が一応機能している場所では、建築家は小さなスケール感だけを身につけていれば、快適な住宅をつくれます。でも日本では、都市計画も国土計画も機能していないので、その矛盾が最終的に建築家の仕事に無視できない影響を及ぼします。住宅を設計するときも、本来建てるべきではない敷地が日本にはたくさんあるし、あてにならない周辺環境もたくさんあります。そのような敷地を与えられたとき、どのような建築をつくればよいか。大きなスケール感と小さなスケール感を、同時に働かせる必要があります。その両方がないと、日本では本当の意味で快適な住宅はつくれないと思います。

# 高校生への手紙（２０１６年）

## 私の職業

建築家という職業をしています。

建築家といっても10代のみなさんにはわかりにくいかもしれませんので、少し説明します。建築家とは、いわゆる建築士免許（一級建築士・二級建築士・木造建築士）をもつ者のうち、前例のない建物をつくる少数の人びとのことです。日本には建築家という免許がなく、建築士しかないため、建築家と聞くと不審に思う人もいるようです。それは日本の免許制度（主要な免許を国家が発行していること）に思想がなく、そのことに慣れてしまっているからではないかと思います。

欧米圏では、もともと建築家の免許を発行するのは国家ではありません。国家よりも古い団体（建築家協会）が、建築家の免許を発行しています。その理由は、近代国家というのが当てにならない存在で、有害な側面を多分にもっているので（行き詰まるとすぐに戦争をはじめて市民生活を脅かす等）、特定の職業（たとえば建築家）については国家の干渉を受けないようにしておいた方が無難である、という社会的なコンセンサスがあるからです。欧米圏における建築家とは、国家でなく市民のために働く者のことで、むしろ国家が滅びた後も市民生活を続けるように施設を設計する者、というニュアンスです。

彼らはその評価軸で他国の設計者、たとえば日本の設計者についても判断します。すると彼らに建築家として表彰されたり招聘された日本の設計者は、その評価が国内に届くようになり、日本においても建築家として扱われるようになります（国内免許は一級建築士のままです）。私もそのひとりです。

建築家としての仕事を説明すると、私の場合、まず自分のアトリエに通って依頼された建物の設計をします。私の場合は住宅や集合住宅、商業施設やギャラリー、体育館や博物館、教会や集会施設等を設計してきました。設計以外の作業としては、週に数日大学に出かけて、学生たちに建築設計と都市計画を教えます。また曜日によっては、建築書や建築雑誌のために原稿を書きます。あるいは日程が合えば、世界各地の建築審査や講演会、シンポジウムなどに出かけます。

労働時間については、私の場合は1日12時間くらい働きます（午前10時から深夜12時まで）。土曜と祝日も働きますが、日曜は休みます。一般的には長時間労働なのかもしれませんが、自分がそうしたいからやっていることなので、長時間と思ったことはありません。それに、もともとお金が目的で働いているわけではないので、1秒でも長く建築のことを考えていたいのです。楽な仕事ではないですが、自分の能力がわかっているし、自分の作品の価値もわかっているので、とても幸せです。おそらく建築に限らずものづくりに携わっている人は、似たような感覚で働いていると思います。

## 私の高校時代

どうして自分が建築家として人生を送ることになったのか、考えてみると不思議です。高校時代の私は建築家のことなど知らなかったし、建物への興味もなかったからです。

高校時代の私は数学者になるつもりでした。高校生になったとき、中学時代を反省して、「これからは好きなことだけして生きていくぞ」「好きなことをひとつだけ極めるぞ」と決めました（勉強をひとつ、運動をひとつ）。そのため、数学を気の済むまで勉強することと、毎日プールで泳ぐこと、を日課にしました。ちょうど自宅に古い数学書がたくさんあり、それらを好きなだけ勉強しようと考えていました。

私はいろんなことを同時にするよりも、ひとつのことに集中する方が好きでした。ひとつに集中すると、自分の能力が見る見る上達するのがわかるからです。この傾向は高校時代に極端になり、数学だけをやりたいがために授業にはあまり出なくなり、部室や食堂で心ゆくまで数学を自習していました。いまから数年前、当時の担任の山口先生に数十年ぶりにお会いしたとき、「お前は1年生の終わりに出席が足らず留年に決まりかけたんだが、俺が反対を押し切って強引に2年生に上げたんだよ」といわれました。初耳のことで驚きましたが、それくらい授業に出ない高校生でした。

当時の立川高校は自由放任で、人の行動や成績を気にするような人は稀でした。中間テストも期末テストもないのですが、唯一の教育的配慮らしきものとして、高校2年の秋に学力テストが一度だけ行われていました。英数国の3科目について、2年生全員の点数と順位が貼り出され、あとは自力でなんとかせよ、というわけです。

この学力テストでは、数学については自分が1位だろうと勝手に思い込んでいたのですが、結果は2位でした。友人からは褒められた気がしますが、私は順位でなく点差に釘付けになり、どちらかというとショックを受けていました。1位との点差は3点なのですが、その3点はある難所を突破しない限り、絶対に取れない点だとわかったからです。すぐに1位のY君を探し当て、どうやって解いたのかも聞きましたが、そのアイデアにも圧倒されました。彼は、行列も集合もそれ自体「数」なのだといい、それらを代数にしてエレガントな方程式で最後の難所を解いていたのですが、この「あらゆるものは数である」といわんばかりの発想にショックを受けました。

当時の私は、普通の数学教師になりたかったわけではなく、天才数学者になるつもりだったのですが、天才というのはこのY君のように、数学という道具を限界まで使い倒す人のことなのだろう、と漠然と思いました。それ以来、自分は天才数学者にはなれない、せいぜい数学教師にしかなれないだろう、と考えるようになりました。

もしあのときY君より点を取っていたとしたら、私は何も気づかずに数学の道へ進んでいたと思います。ただし、凡庸な数学者になっていたおそれがあります。

この高2の秋から大学で専門分野を選ぶまでの数年間が、自分の人生の中でもっとも苦しい時期でした。いまなら数学教師も面白い人生だと思えるのですが、当時はそうは思えなかったのです。大学にも行きたい学科がなくなってしまったのですが、とりあえず家から通える理系の大学（東京工業大学）に入りました。当時の東工大では1年生の終わりに専門課程を選ぶことになっていたので、大学に入って改めて数学科にするか、他学科にするか、を考えることにしました。

私が数学を尊敬していた理由は、それが創造的な学問だからです。数学というのは非常にクリエイティブな分野で、人類のなしうるものの中でもっとも創造的だとさえ思っていました。その意味では他の理系の分野、たとえば電子や情報といった当時の人気学科には、いまひとつ魅力を感じませんでした。唯一、マイナスイメージがなかったのが建築学科なのですが、それは消去法で残ったというだけで、数学より面白いはずがないと、当初は思っていました。

たまたま当時の東工大には、ある著名な建築家が教授をしていました（篠原一男）。その人は、若い頃には数学者だったのに、20代の後半に数学から建築へ転向し、日本を代表する建築家のひとりになっていました。大学1年生の終わりにそれを知ったときは驚きました。数学を捨てる人間がいることにも驚いたし、建築というのが数学よりも面白いのかと、狐につままれたような気分でした。

ただ、大学で建築を少しかじってみると、意外と自分の性に合うのです。大学1年では製図やトレース程度の初歩的なことしか習いませんが、一度もやったことがないのに、なぜかすんなりできるのです。あるいは、その先生の作品集を初めて見たときも、瞬時に意図がわかりました。建築の知識もほとんどないのに、「自分はこういうのはよく知っている。こういうのは得意だよ」と思いました。それは、初めて味わう不思議な感触でした。

その後、数学科でなく建築学科に進むことに決め、たまたま多くの建築家の設計指導を直接受けることになりました。やればやるほど自分のスキルが上がり、面白くなってきました。そのうちいろんな建築家のアトリエでアルバイトをするようになり、先輩のアトリエに就職し、10年近く働いてから、自分のアトリエを設立しました。その後は今日まで、冒頭に書いたように働いています。

## みなさんの天職

私の職業は、高校時代の自分にとっては完全に想定外です。いまでは天職だと思っていますが、ここへ至るまでの経緯を見ると、根本的には「たまたま」です。建築学科へ進んだことも「たまたま」だったし、そこに著名な建築家がいたのも「たまたま」です。ただし、他の業界のいわゆるクリエイターといわれる人びとも、優秀な人であればあるほど、その職業との出会いを聞くと「たまたま」だったといいます。おそらく天職というものは、その人にとって、多かれ少なかれ「たまたま」現れるようなものではないかと思います。

私の経験がみなさんの役に立つのかどうかわかりませんが、みなさんもいつかそれぞれの天職に、想定外のかたちで出会うと思います。それは、運命的な出会いといったわかりやすい出会い方ではなくて、通り過ぎてもおかしくないように「たまたま」出会うことになるはずです。その瞬間を逃さないようにしてください。

# あとがき

第1章「現代都市のための9か条——近代都市の9つの欠陥」を雑誌『新建築』に連載したのは12年前である（2011〜2012年）。その後、続編のための執筆時間をうまくつくれなくなり、長らく連載を休止していたところ、今回、オーム社の三井渉さんから書籍化を薦められ、未完のまま刊行することになった。

この連載は発表当時から反響が大きく、海外から面会に来る専門家がしばらく続いたり（中国、中米、中東）、国内のいくつかの大学から「9か条」全体の講義を求められたり、未完のまま別の雑誌に転載されたりした。それらのリクエストをしてきた人びとは、その多くが30〜40代の設計者や計画者で、筆者がこの連載を読んでほしいと考えていた読者層の方々だった。ゆえに筆者としては、連載を休止している罪滅ぼしのつもりで、彼らのすべてのリクエストに応えてきた。この12年間は執筆の代わりに対面で、「9か条」全体をさまざまな場所で喋り続けてきたようなものである。

実際に対面で説明するうちに、「9か条」のどこが彼らの興味をひいたのか——どこが従来の都市論と違ったのか——に画点がいくようになった。もともと筆者の都市論は、いくつかの根本的な「区別」を行うことによって議論を展開しているが、そこに彼らの興味が集中していたからだ。集落／都市、内部的／外部的、短期的／長期的、可逆的／不可逆的、1960年代／1990年代、G7／G20、軽工業／重工業、近世都市／近代都市、バロック式都市計画／近代都市計画、産業資本主義／産業革命、旧型スラム／新型スラム、人口定着性／人口流動性A型およびB型、階級的／機能的、等の「区別」である。なぜ筆者がこうした「区別」を考えたのかといえば、「近代都市の次」（現代都市）に関して空想的な議論を避けたかったためだ。これらは従来の都市論においては必ずしも重視されてこなかったとしても、「近代都市の次」（現代都市）を対象化しようとする場合には欠かせないと思う。この一連の「区別」を理解した人は、未知の都市的事象について価値判断を下せるようになるだろうし、ひいては「近代都市の次」について考察を進めることができるだろう。逆にこれらを無視すると、「近代都市の次」について空想することになるか、あるいは一種の思考放棄に——近代都市を続けるほかないという思考放棄に——陥ってしまう恐れがある。その意味では、この一連の「区別」を重視したことが、「9か条」の生命線だったと思う。未完の連載を書籍化するにあたり、この一連の「区別」がどこまで有効なのかを、読み手の方々に検証していただきたいと考えている。

第2章「木造進化論」は「9か条」の連載前に書き終えた建築論である（2010年）。筆者の中では別の問題意識で書いたという記憶があったが、三井さんから両者の共通性や補完性を指摘され、「9か条」を建築論の側から補うべく本書に収録することにした。

「木造進化論」に書いた内容は、筆者がはじめての公共建築を木造で設計していた20年前（2002〜2004年、砥用町林業総合センター）に端緒を思いつき、教会を木造で設計していた15年前（2006〜2008年、駿府教会）にほぼ結論に達したもので、自分の設計作業の中から想定外の建築論が現れたという意味で、特別の思い入れがある。ひとつだけ種明かしをすると、2000年代半ばだった当時、海外のいくつかの国で、新しい木造建築をめざす技術開発がはじまっていることに、筆者は気づいていた（北欧、スイス、オーストリア、カナダ）。また、彼らが日本の木造の未来に脅威を感じていることにも、筆者は気づいていた（先に挙げた筆者の2作品が海外で評価されたのはそのためだ）。ちょうど各国で化石燃料から自然再生エネルギーへのシフトがはじまっていた時期であり、彼らはそれに呼応するように、近代建築から現代的な木造建築へのシフトを唱えていた。そこまでは賛同できたのだが、彼らのシンポジウムや展覧会に出てみると、技術的には面白い試みをしているのに、肝心の設計段階で近代建築の常識を不用意にもち込んだ仕事が多く、結果として「木目のついた近代建築」とでもいうべきものがつくられていた。筆者がやったのは、本当に近代建築では実現できない空間を日本の木造建築で追求するとどういう建物になるのか、またそれがどんな建築思想を生み出すのかを、はっきりさせることだった。

第3章は「9か条」や「木造進化論」の前後に発表した談話やエッセイである（2006〜2022年）。どれも自発的にテーマを決めたわけではなく、その都度与えられたテーマに反応したにすぎないが、読み方によっては「9か条」や「木造進化論」を補うものとして読めるため、そうした部分を抜粋して収録した。とくに2012年以降の談話やエッセイは、日本を揺さぶった事件（東日本大震災と原発問題、発展途上国のようなオリンピック開催と戦時体制への移行、新型ウイルスの黙殺と感染拡大、高齢化社会や長寿命化社会など）について意見を述べており、若い方々には読みやすいかもしれない。第1章や第2章にとっつきにくいという方は、第3章から読んでもらえばそれなりの収穫はあると思う。

なお、第1章・第2章は初出の原文のままとし、大きな修正を行わないようにした（誤字脱字や小見出し追加等を除く）。第3章に収録したものも初出の原文のままだが、一部の原稿については段落の組み替えや削除、発言の省略などを行い、「9か条」の内容を補った。

2023年1月末日

西沢大良

# 初出一覧

## 第1章

新型スラムの問題・人口流動性の問題
初出：「現代都市のための9か条―近代都市の9つの欠陥―」『新建築』2011年10月号

ゾーニングの問題
初出：「現代都市のための9か条―近代都市の9つの欠陥―第2回」『新建築』2012年5月号

## 第2章

木造進化論
初出：「木造進化論――木造による現代建築のつくり方」『西沢大良｜木造作品集　2004-2010』LIXIL出版、2011年

## 第3章

近代都市の根拠
初出：「近代都市の根拠」（西沢大良×門脇耕三）『シェアの思想』LIXIL出版、2015年

ニューヨーク
初出：「超人工都市のつくり方」『TRANSIT 41　NY特集』講談社、2018年

西ベルリン・東ベルリン
初出：「西沢大良インタビュー」（聞き手：槻橋修）『旅。建築の歩き方』彰国社、2006年

メガスラム
初出：「第2回 小嶋一浩賞受賞式にて」小嶋賞シンポジウムWeb、2021年10月13日公開

80年代の原広司
初出：「建築理論研究〝02 原広司〟」（西沢大良×南泰裕×天内大樹）10+1 Web、2013年11月収録

70年代の磯崎新　初出：「特集〝磯崎新の1970年代〟巻頭言」（西沢大良×青木淳）『A+U』2020年8月号
90年代末の伊東豊雄　初出：「せんだいメディアテークについて」『伊東豊雄自作作品集』平凡社、2020年
東日本大震災について1　初出：「特別企画〝東日本大震災〟」『住宅特集』2011年5月号
東日本大震災について2　初出：「建築論を読む」『新建築』2011年6月臨時増刊号
東日本大震災について3　初出：「軍事技術と民生技術」『新建築』2014年3月号
新型ウイルスについて1　初出：「治療的・医療的な建築」『住宅特集』2020年6月号
新型ウイルスについて2　初出：「月評」『新建築』2020年9月号
新型ウイルスについて3　初出：「ウィルス・都市・住宅」（西沢大良×乾久美子×藤村龍至）『住宅特集』2020年8月号
家ならざるもの　初出：「家ならざるもの」『住宅特集』2022年5月号
もうひとつの近世都市　初出：「誰も空気を読まない街、誰も忖度しない街——書評：〝生き心地の良い町／岡壇著〟」新建築.ONLINE、2021年9月公開
21世紀の戦後住宅　初出：「第34回 JIA東海支部設計競技出題文 2017年」
設計の原風景　初出：「コロナ禍以降に再考する、健康な住まい」（西沢大良×浅子佳英×中川エリカ）LIXIL Web、2021年12月公開
建築を体験する　初出：「住宅のディテールとは?」『住宅特集』2010年8月号
高校生への手紙　初出：「先輩からの手紙」『立川高校同窓会誌〝紫芳会〟』2016年

[写真撮影]
上田 宏　pp.142-147
新建築社　pp.160-164

[写真提供]
東京ガス株式会社／撮影=小川重雄　pp.158-159

上記以外の図版はすべて
西沢大良建築設計事務所 提供による。

西沢大良（にしざわ・たいら）
建築家
1964年　東京生まれ
1987年　東京工業大学卒業
1992年～現在　西沢大良建築設計事務所主宰

1990年代後半から執筆活動を通じてインパクトのある考察を発表しているほか、設計活動を通じてオリジナルな建築空間を実現し続けており、現代建築における唯一無二の存在として国内外の建築家から高い評価を受けている。

本書収録の「現代都市のための9か条――近代都市の9つの欠陥」（初出2011）が建築界の話題をさらい、2013年に芝浦工業大学教授として招聘され、現在まで建築教育にもたずさわる。

主な作品は、「大田のハウス」（1998）、「諏訪のハウス」（1999）、「砥用町林業総合センター」（2004）、「沖縄KOKUEIKAN」（2006）、「駿府教会」（2008）、「宇都宮のハウス」（2008）、「直島宮浦ギャラリー」（2013）、「今治港駐輪施設」（2017）ほか。

主な執筆は、「規模の材料」（1998）、「室内風景」（2001）、「群・カタチ・アクティビティ」（2001）、「立体とアクティビティ」（2004）、「立体と身体」（2005）、「光のなかの生活―治療的建築」（2009）、「木造進化論」（2011）、「現代都市のための9か条」（2011-2012）ほか。

主な受賞は、住宅建築賞金賞（2001）、AR-AWARDS 最優秀賞（英国、2005）、日本建築家協会新人賞（2006）、BARBARA CAPOTINE 国際建築賞（イタリア共和国、2007）、ART & FORM AWARDS 最優秀賞（米国、2009）ほか。

作品集は、『西沢大良1994-2004』（TOTO出版、2004）、『西沢大良 木造作品集2004-2010』（LIXIL出版、2011）。

現代都市のための9か条

近代都市の9つの欠陥


2023年2月20日　　第1版第1刷発行

著　者　西沢大良

発行者　村上和夫

発行所　株式会社 オーム社

郵便番号　101-8460

東京都千代田区神田錦町3-1

電話　03(3233)0641(代表)

URL　https://www.ohmsha.co.jp/





組版　ホリエテクニカル　　印刷・製本　壮光舎印刷

ISBN978-4-274-22999-2　Printed in Japan